U0312257

交口县

耕地地力评价与利用

李铮 主编

中国农业出版社

内容简介

本书是对山西省交口县耕地地力调查与评价成果的集中反映。在充分应用"3S"技术进行耕地地力调查并应用模糊数学方法进行成果评价的基础上，首次对交口县耕地资源历史、现状及问题进行了分析、探讨，并应用大量调查分析数据对交口县耕地地力、中低产田地力、耕地环境质量和果园状况等做了深入细致的分析。揭示了交口县耕地资源的本质及目前存在的问题，提出了耕地资源合理改良利用意见。为各级农业科技工作者、农业决策者制订农业发展规划，调整农业产业结构，加快绿色、无公害农产品基地建设步伐，保证粮食生产安全，科学施肥，退耕还林还草，进行节水农业、生态农业以及农业现代化、信息化建设提供了科学依据。

本书共七章。第一章：自然与农业生产概况；第二章：耕地地力调查与方法；第三章：耕地土壤属性；第四章：耕地地力评价；第五章：中低产田类型、分布及改良利用；第六章：耕地地力调查与质量评价的应用研究；第七章：耕地地力评价与测土配方施肥。

本书适宜农业、土肥科技工作者及从事农业技术推广与农业生产管理的人员阅读。

编写人员名单

主　　编：李　铮
副 主 编：梁启亮　牛建中　郭宝兰
编写人员（按姓名笔画排序）：

王　瑞　王乙群　王云贵　王丽云　王淑芳
牛建中　艾瑞敏　冯金生　任明义　任彦敏
刘永琴　齐晶晶　李　铮　李学泽　李福贵
杨旭东　宋光峰　张小玲　武定河　郝春生
高成厚　郭宝兰　麻团连　梁启亮　梁剑辉

序

　　农业是国民经济的基础，农业发展是国计民生的大事。为适应我国农业发展的需要，确保粮食安全和增强我国农产品竞争的能力，促进农业结构战略性调整和优质、高产、高效、生态农业的发展，针对当前我国耕地土壤存在的突出问题，2005年在农业部精心组织和部署下，交口县于2009年开展测土配方施肥工作。根据《全国测土配方施肥技术规范》积极开展测土配方施肥工作，同时认真实施耕地地力调查与评价。在山西省土壤肥料工作站、山西农业大学资源环境学院、吕梁市土壤肥料工作站、交口县农业委员会广大科技人员的共同努力下，2011年完成了交口县耕地地力调查与评价工作。通过耕地地力调查与评价工作的开展，摸清了交口县耕地地力状况，查清了影响当地农业生产可持续发展的主要制约因素，建立了交口县耕地地力评价体系，提出了交口县耕地资源合理配置及耕地适宜种植、科学施肥及土壤退化修复的意见和方法，初步构建了交口县耕地资源信息管理系统。这些成果为全面提高交口县农业生产水平，实现耕地质量计算机动态监控管理，适时提供辖区内各个耕地基础管理单元土、水、肥、气、热状况及调节措施提供了数据平台和管理依据。同时，也为各级农业决策者制订农业发展规划，调整农业产业结构，加快绿色食品基地建设步伐，保证粮食生产安全以及促进农业现代化建设提供了第一手资料和最直接的科学依据。也为今后大面积开展耕地地力调查与评价工作，实施耕地综合生产能力建设，发展旱作节水农业、测土配方施肥及其他农业新技术普及工作提供了技术支撑。

　　《交口县耕地地力评价与利用》一书系统地介绍了交口县耕地资源评价的方法与内容，应用大量的调查分析资料，分析研究了交口县耕地资源的利用现状及问题，提出了合理利用的对策和建议。该书集理论指导性和实际应用性为一体，是一本值得推荐的实用技术类读物。我相信，该书的出版将对交口县耕地的培肥和保养、耕地资源的合理配置、农业结构调整及提高农业综合生产能力起到积极的促进作用。

王高勇

2013 年 5 月

前　言

　　耕地是人类获取粮食及其他农产品最重要、不可替代、不可再生的资源，是人类赖以生存和发展最基本的物质基础，是农业发展必不可少的根本保障。新中国成立以来，山西省交口县先后开展了两次土壤普查。两次土壤普查工作的开展，为交口县国土资源的综合利用、施肥制度改革、粮食生产安全做出了重大贡献。近年来，随着农村经济体制的改革以及人口、资源、环境与经济发展矛盾的日益突出，农业种植结构、耕作制度、作物品种、产量水平、肥料和农药使用等方面均发生了巨大变化，产生了诸多如耕地数量锐减、土壤退化污染、水土流失等问题。针对这些问题，开展耕地地力评价工作是非常及时、必要和有意义的。特别是对耕地资源合理配置，农业结构调整，保证粮食生产安全，实现农业可持续发展有着非常重要的意义。

　　交口县耕地地力评价工作，于 2009 年 6 月底开始到 2011 年 12 月结束，完成了交口县 4 镇、3 乡、90 个行政村的 39.56 万亩耕地的调查与评价任务。3 年共采集土样 3 800 个，并调查访问了 2 000 个农户的农业生产、土壤生产性能、农田施肥水平等情况。认真填写了采样地块登记表和农户调查表，完成了 3 786 个样品的常规化验、中微量元素分析化验、数据分析和收集数据的计算机录入工作。基本查清了交口县耕地地力、土壤养分、土壤障碍因素状况，划定了交口县农产品种植区域。建立了较为完善的、可操作性强的、科技含量高的交口县耕地地力评价体系。并充分应用 GIS、GPS 技术初步构筑了交口县耕地资源信息管理系统。提出了交口县耕地保护、地力培肥、耕地适宜种植、科学施肥及土壤退化修复办法等。形成了具有生产指导意义的多幅数字化成果图。收集资料之广泛、调查数据之系统、内容之全面是前所未有的。

这些成果为全面提高农业工作的管理水平，实现耕地质量计算机动态监控管理，适时提供辖区内各个耕地基础管理单元土、水、肥、气、热状况及调节措施提供了数据平台和管理依据。同时，也为各级农业决策者制订农业发展规划，调整农业产业结构，加快绿色食品基地建设步伐，保证粮食生产安全，进行耕地资源合理改良利用，科学施肥以及退耕还林还草、节水农业、生态农业、农业现代化建设提供了第一手资料和最直接的科学依据。

为了将调查与评价成果尽快应用于农业生产，在全面总结交口县耕地地力评价成果的基础上，引用大量成果应用实例和第二次土壤普查、土地详查有关资料，编写了本书。首次比较全面系统地阐述了交口县耕地资源类型、分布、地理与质量基础、利用状况、改善措施等。并将近年来农业推广工作中的大量成果资料收录其中，从而增加了该书的可读性和应用性。

在本书编写的过程中，承蒙山西省土壤肥料工作站、山西农业大学资源环境学院、吕梁市土壤肥料工作站、交口县农业委员会广大技术人员的热忱帮助和支持，特别是交口县农业委员会的工作人员在土样采集、农户调查、数据库建设等方面做了大量的工作。梁启亮、梁剑辉安排部署了本书的编写，由郭宝兰、任彦敏完成编写工作。参与野外调查和数据处理的工作人员有张永明、张振生、王琳莉、郭宝兰、王银贵、樊敏、张拥民、张建国、任彦敏、杨旭东、梁启旺、李福贵、蔡婧、郝春生、赵利云、刘忠旺、任明义、杨瑞红。土样分析化验工作大量元素由交口县农业委员会土壤肥料工作站检测中心完成；中、微量元素由汾阳市瑞丰土壤测试服务站完成。图形矢量化、土壤养分图、数据库建设和地力评价工作由山西农业大学资源环境学院和山西省土壤肥料工作站完成。野外调查、室内数据汇总、图文资料收集和文字编写工作由交口县农业委员会完成，在此一并致谢。

编　者

2013 年 5 月

目录

第一章 自然与农业生产概况

第一节 自然与农村经济概况

一、地理位置与行政区划

交口县境域在历史上多为分治区域。据考，春秋为晋属蒲地，晋文公重耳曾封于蒲，即在今交口县境内。汉武帝元朔四年（公元前125），依蒲地设立蒲子县，属河东郡。魏改属平阳郡。晋永嘉元年（307），刘渊迁都蒲子城，建立政权，国号为"汉"；永嘉三年（309）依蒲子城设大昌郡，不久废县。北魏太平真君九年（448），设岭东县，属吐京郡；太平真君二十一年（460）岭东县改为新城县，仍为吐京郡属县。隋朝，废新城县。唐武德三年（620），设温泉县和高唐县，属北温州；贞观元年（627），高唐县并入隰州，不久，温泉县改属隰州；乾元元年（758），温泉县改属石州。五代、宋、金未变。至元三年（1337），废温泉县，其境域分别属于孝义县、灵石县和隰州。从此，经明清两代至民国年间，其境域的归属基本上保持不变。

抗日战争期间，曾在双池镇西庄村设立灵西县抗日民主政府。抗日战争胜利后，原灵西县抗日民主政府改组为灵西县民主政府。新中国成立后，今交口县境内的孝义县辖区属于汾阳专区，灵石县辖区属于榆次专区，隰县辖区属于临汾专区。

1971年5月，经国务院批准成立交口县，由孝义县划出大麦郊、温泉和坛索3个乡（镇），由灵石县划出双池和回龙2个乡（镇），由隰县划出交口、石口、川口和康城4个乡（镇），三地9个乡（镇）交汇形成了不同地域特征的交口文化。既相互接近，又互相融合。县城选定在交口境内的水头村南，县名遂称为交口县。

交口县地理坐标为北纬36°44′～37°13′，东经111°3′～111°34′。位于山西省中部偏西侧，吕梁市南端，东接孝义、灵石，南连隰县、汾西，西靠石楼，北界中阳，总面积1 260平方千米。总人口12万人。县人民政府驻水头镇，现辖4镇3乡（2001年撤并为4镇3乡）见表1-1。

表1-1　交口县行政区划与人口情况

乡（镇）	总人口（人）	村民委员会（个）	村民小组（个）	自然村（个）
水头镇	29 380	12	34	34
康城镇	15 606	12	75	75
双池镇	19 125	15	43	43
桃红坡镇	17 425	10	67	67
石口乡	15 238	19	68	68
回龙乡	12 248	10	53	53
温泉乡	11 588	12	48	48
总计	120 610	90	388	388

二、土地资源概况

据统计资料显示，交口县总面积为 1 260 平方千米（折合 189 万亩①）。其中：丘陵区为 325.46 平方千米（折合 48.82 万亩），占总面积的 25.83%；山区为 934.54 平方千米（折合 140.18 万亩），占总面积的 74.17%。已利用土地面积为 168.30 万亩，占总土地面积的 89.05%。在已利用的土地中，耕地面积 39.56 万亩，占已利用土地的 23.51%；宜林地面积 68.95 万亩，占已利用土地的 40.97%；宜牧面积 45.55 万亩，占已利用土地的 27.07%；居民点及工矿用地、交通用地、水域等面积 14.24 万亩，占已利用土地的 8.46%。未利用土地面积为 20.70 万亩；占总面积的 10.95%。

交口县处于吕梁山背斜隆起和鄂尔多斯盆地凹陷之过渡地带，区内山顶多被黄土覆盖，山坡处多见石炭系砂页岩，谷底多为奥陶系石灰岩。受人为的破坏，自然植被稀疏，总的地势从西北向东南倾斜，山高坡陡，高低悬殊，海拔多在 1 000 米以上，境内双池镇官桑园海拔最低，为 820 米，西北部化圪垛村的黄云洞最高，海拔为 2 054 米，高差1 234 米。

交口县土壤共分褐土、粗骨土和红黏土三大土类，7 个亚类，12 个土属，16 个土种。三大土类中以褐土为主，面积占 91.17%；其次为粗骨土，面积占 7.81%；红黏土仅占 1.02%。在各类土壤中，宜农土壤比重大，适种性广，有利于农、林、牧业全面发展。

三、自然气候与水文地质

（一）气候

交口县地处中纬度地带，属中温带大陆性气候区。夏季受太平洋海洋性气团控制，冬季受极地大陆性气团控制，春秋二季则受两种气团的交替影响，因此其气候有明显的季风气候特征。一年之内四季分明，春季干旱多风少雨，夏季炎热雨量集中，秋季相对温凉湿润，冬季寒冷干燥少雪。随着西北高东南低以及相对高差较大的地势特征，形成西北部寒冷、东南部热暖的地域性差异。受吕梁山抬升的影响，总的气候特征是：气候温凉，降水相对偏多，光热资源充足。

1. 气温 年平均气温 6.7℃，1 月最冷，平均气温－7.7℃，极端最低气温－23.1℃（1980 年 1 月 31 日）；7 月最热，平均气温为 19℃，极端最高气温为 33℃（1987 年 7 月 31 日）。＞0℃积温为 3 025.0℃，初日为 3 月 27 日，终日为 11 月 15 日，初终间日数为 234.5 天；＞10℃的积温为 2 390.8℃，初日为 5 月 6 日，终日为 10 月 26 日，初终间日数为 173 天；平均无霜期为 142 天，初霜冻日多为 9 月 27 日，终霜冻日多为 4 月 24 日。

2. 地温 随着气温的变化，土壤温度也发生相应变化。平均地面温度为 5.9℃，7 月最高为 22.9℃，1 月最低为－7.5℃。通常 11 月开始封冻，3 月解冻，极端冻土深度为 105 厘米（1980 年）。

---

① 亩为非法定计量单位，1 亩＝1/15 公顷。

3. 日照　年平均日照时数为 2 670.6 小时，最长为 2 836.7 小时（1980 年），最短为 2 469.4 小时（1988 年）；5 月日照时数最多，平均为 269.1 小时，2 月最少，为 188.5 小时。

4. 降水量　年平均降水量为 618 毫米，西北部的水头镇从 1953—1986 年的平均降水量为 603 毫米以上，东南部双池乡偏少，年平均在 516 毫米以下。全县除因地形因素分布不均外，四季降水也明显不均。降水一般集中在 7 月、8 月、9 月这 3 个月，为 385.5 毫米，占全年降水量的 63.6％，而冬季 12 月至翌年 2 月的降水只占全年降水的 2.8％。同时降水年际间变化也较大，最多为 785 毫米（1978 年），最少为 444 毫米（1982 年）。

5. 蒸发量　交口县年平均蒸发量为 1 603 毫米，是年降水量的 2.6 倍。7 月蒸发量最大，为 241 毫米，1 月和 12 月最小，在 54 毫米左右。1987 年最大，蒸发量为 1 824 毫米，1984 年最小，为 1 460 毫米。降水少、蒸发大，是造成交口县十年九旱气候特点的重要原因。

最大冻土层深度 40 厘米，基本风压 35 千克/平方米，基本雪压 20 千克/平方米，地震基本裂度 7 度。

（二）成土母质

山西省地质局水文地质测绘报告和土壤普查结果表明：交口县土壤母质主要为古生界—新生界的产物，即砂页岩、石质岩、黑垆土、红土、离石黄土、马兰黄土状亚沙土。

1. 残积、坡积物　主要分布于海拔 1 200 米以上的土石山区，由砂页岩、石灰岩分化而成。砂页岩包括寒武系、奥陶系、二叠系诸时期的砂岩；石灰岩包括寒武系的鱼状灰岩、竹叶状灰岩及奥陶系泥质白云岩、石灰岩和石炭系的灰岩。

发育于残积母质上的土壤，土层薄、质地粗，通体有岩石分化的砾石碎屑，且自上而下逐渐增多。坡积物分布在山坳或山坡下部，是岩石风化物在重力及水力的联合作用下堆积而成，表现为土层较厚，颜色混杂，无分选性，通气透水较好，养分含量较高。

2. 红土、黑垆土、红黄土及黄土土质　红土为新生界第三系的产物，岩性以冲洪积为主的红色、紫红色黏土和亚黏土。土壤质地黏重，通气透水性差，保水性能强，盐基含量较低，呈弱碱性或中性反应。分布于石口、水头、川口、秦王岭、神堂底及坛索西部。

红黄土即离石黄土，为新生界第四系中更新统的褐红色土壤层，多呈条带状分布，质地中壤—重壤，层次不明显，有的含有料姜石。多裸露于交口县侵蚀严重的沟壑下部。

马兰黄土为新生界第四系上更新统的风积黄土，广泛分布于交口县的丘陵、山地上，其特点是土层深厚，浅灰棕色，质地较轻，柱状结构，富含碳酸钙，呈弱碱性反应。

黑垆土为古土壤层，呈条带状零星分布，面积很小。

3. 冲积、洪积物　为新生界第四系全更新统的冲洪积沙砾石、亚沙土及黄土状物质，是河流洪水流动过程中泥沙的沉积物，主要分布在大麦郊、回龙等河流沟谷阶地上，其特点是有明显的成层性，质地差异较大，底部多为沙砾石层。

（三）河流与地下水

交口县地貌破碎，河流河谷发育。由于大面积石灰岩的分布，河流沟谷多为强透水基岩岩谷，除个别地段有较短距离的地表清水径流外，每年 6～9 月的汛期才有地表洪水径流，并且只有强度较大的降水过程方才能够形成。主要的河流有石口河、宝岩河、回龙河、双池河、大麦郊河和温泉河。除石口河直接汇入黄河外，其余均汇入汾河。

年地表径流量：中等丰水年份，平均径流深度西北部 23 毫米；平水年份，平均径流深度东南部 10～28 毫米；中等干旱年份，平均径流深度小于 6 毫米。每年 6～9 月的降水量占全年降水量的 70％以上，但形成径流排出县外的却很少。1956—1961 年的年径流量仅为 0.225～0.262 3 万立方米。全县共有大小泉水 100 余处，主要有水神头泉、西泉等 9处，丰水期涌水量 8 600～17 200 立方米/日，年径流量为 18 919 万立方米。地下水可开采量为 3 550.9 万立方米/年。

（四）自然植被

交口县的自然植被主要有林木类和灌草丛类两大类，据 1992 年普查，全县自然植被总面积为 105.94 万亩，占全县总面积的 56.16％。林木类面积 81.22 万亩，占自然植被总面积的 76.67％。其中，阔叶林 31.42 万亩，占林木类总面积的 38.69％；针叶林 7.8万亩，占林木类总面积的 9.6％；针阔叶混交林 42 万亩，占林木类总面积的 51.71％。灌草丛类面积 24.72 万亩，占自然植被总面积的 23.33％，其中灌丛 3.14 万亩，占灌草丛类总面积的 53.15％；灌草丛 9.39 万亩，占灌草丛类总面积的 37.99％；草原 2.19 万亩，占灌草丛类总面积的 8.86％。在疏林区和灌林区内形成了草中有林、林中有草的混生状况，折合有草坡 30 万亩，另外尚有荒草地 13 万亩。以上灌草丛类、混生草坡及荒草地合计共有草坡面积 67.72 万亩。两类植被自然交叉混合生长，主要分布在吕梁山脉的山脊地区，即以交口县旋卷构造为主的低中山区。

由于交口县海拔高度差异较大，地形复杂，植物群落或种类也比较复杂，植被主要类型有 3 种。

1. 木本植物群落　主要分布于交口县西北、西南部中山区，主要树种有柞树、桦树、山杨、山杏、椴树等阔叶树。

2. 草灌植物群落　主要分布于低山区，有羽茅、荆条、沙棘、黄刺玫、白羊草等。

3. 草本植物群落　二级阶地多为耕种土壤，自然植被已被农作物所代替，仅在田埂、地头、路边散见。主要自然植被有：酸刺、枸杞、芦草。在干旱贫瘠土壤上着生有苦菜、狗尾草、青蒿、猪毛菜、小叶锦鸡儿、本氏羽毛等。一级阶地和河漫滩多为耕种土壤，自然植被有反枝苋、田旋花、车前、藜、青蒿、水稗、鬼针、苍耳等。

四、农村经济概况

2009 年，交口县农村经济总收入为 110 627 万元。其中，农业收入为 5 457 万元，占4.93％；林业收入为 1 866 万元，占 1.69％；畜牧业收入为 3 626 万元，占 3.28％；工业收入为 73 216 万元，占 66.18％；建筑业收入为 1 409 万元，占 1.27％；运输业收入为9 248万元，占 8.36％；商业、餐饮业收入为 6 647 万元，占 6.01％；服务业及其他收入为 9 158 万元，占 8.28％。农民人均纯收入为 2 800 元。

改革开放以后，农村经济有了较快发展。1965 年为 2 431 万元，1975 年为 2 637 万元，10 年间提高了 8％；1985 年为 12 732 万元，是 1975 年的 4.8 倍；1995 年为 92 659万元，是 1985 年的 7.3 倍；2006 年为 107 477 万元，是 1995 年的 1.2 倍。农民人均纯收入也有了较快的提高。1958 年为 70 元，1965 年为 73 元，1975 年为 54 元，1980 年为 72 元。1982 年突破百元大关，达到 157 元；1992 年达到 502 元；1995 年达到 1 104 元；1998 年达到 2 140 元；2006 年突破 2 000 元大关，达到 2 260 元；2011 年达 4 127 元。

第二节　农业生产概况

一、农业发展历史

交口县农业历史悠久，清末至民国初年，广大农村的耕地和大量的生产为少数地主和富农占有，贫苦农民仅占有为数很少的土地。土地改革前，贫雇农人均占有土地 2.4 亩。1949 年春"土改"以后，农民人均占有土地达到 7.8 亩。户均大牲畜 2 头，真正实现了耕者有其田。新中国成立以来，农业生产有了较快发展，特别是十一届三中全会以后，农业生产发展迅猛。随着农业机械化水平不断提高、农田水利设施的建设、农业新技术的推广应用，农业生产迈上了快车道。但交口县由于受地理条件、气候因子等因素的制约，农业生产发展缓慢。1950 年全县粮食总产仅为 14 435 吨，1980 年粮食总产达到 25 400 吨，是 1950 年的 1.76 倍；2009 年粮食总产达 27 955 吨，是 1980 年的 1.10 倍。农村经济收入主要来源于矿产资源及加工工业，农业所占比例小。

二、农业发展现状与问题

交口县土地资源丰富，但园田化和梯田化水平不高，加之水资源短缺，是农业发展的主要制约因素。全县耕地面积 39.56 万亩均为旱地，没有有效灌溉面积，全部为"望天田"，严重制约了农业生产的发展。历年粮食产量及人均纯收入见表 1-2。

表 1-2　交口县主要农作物总产量

年份	粮食（吨）	油料（吨）	玉米（吨）	薯类（吨）	农民人均纯收入（元）
1950	14 435	114	2 277	750	—
1958	16 333	—	3 222	663	—
1965	19 365	139	6 670	593	—
1971	19 476	—	7 397	709	54
1980	25 400	613	11 505	2 145	72
1985	23 825	727	9 515	3 660	328
1993	20 695	926	8 617	2 596	664
2009	27 955	533	21 166	3 225	2 800

2009 年，交口县农林牧副渔总产值为 13 750 万元。其中，农业产值 6 089 万元，占 44.28%；林业产值 4 761 万元，占 34.63%；牧业产值 2 800 万元，占 20.36%；农林牧

渔服务业 100 万元，占 0.73%。

交口县 2009 年粮食作物播种面积 16.92 万亩，油料作物 2.04 万亩，蔬菜面积 0.152 万亩，薯类 2.15 万亩，豆类 1.42 万亩，中药材 0.112 万亩。

畜牧业是交口县的一项优势产业，2009 年末，全县大牲畜中，牛 3 606 头，马 22 匹，驴 10 头，骡 2 头；猪 9 864 头，羊 35 896 只；鸡 146 254 只，兔 4 080 只，养蜂 130 箱。

交口县农机化水平较高，田间作业基本实现机械化，大大减轻了劳动强度，提高了劳动效率。全县农机总动力为 135 205 千瓦。拖拉机 720 台，其中大中型 499 台，小型 221 台。种植业机具门类齐全，机引犁 750 台，化肥深施机 72 台，机引铺膜机 23 台，秸秆粉碎还田机 25 台，排灌动力机械 140 台，机动喷雾器 632 台，联合收割机 8 台，农副产品加工机械 240 台；农用运输车 5 325 辆；农用载重车 198 辆；推土机 34 台。全县机耕面积 10.50 万亩，机播面积 6.75 万亩，机收面积 4.20 万亩。农用化肥折纯用量 3 243 吨，农膜用量 110 吨，农药用量 0.88 吨。

从交口县农业生产看，一是粮田种植面积不断减少，呈下降趋势；二是蔬菜种植面积呈下降趋势。分析原因，首先，人工费普遍提升，种粮机械化程度高，用工少。其次，蔬菜市场价格波动大，用工多，种田不如打工，种植面积下降。最后，随着人工费的提升，种粮效益比较低，粮田面积虽然扩大，但管理粗放。

第三节　耕地利用与保养管理

一、主要耕作方式及影响

交口县的农田耕作方式为一年一作，农作物收获后，秸秆还田旋耕或深耕，旋耕深度一般为 20～25 厘米。秸秆还田有效地提高了土壤有机质含量。全部机耕、机种，提高了劳动效率。作物收获后，冬前进行深耕，以便接纳雨雪、晒垡，深度可达 25 厘米以上，以利于打破犁底层、加厚活土层，同时还利于翻压杂草。

二、耕地利用现状，生产管理及效益

交口县种植作物主要以春播玉米、油料、小杂粮、蔬菜为主，兼种一些经济作物。耕作制度为一年一作，生产管理上机械化水平较高，但随着油价上涨，费用也在不断提高，一年一作亩投入 200 元左右。

据 2009 年统计部门资料，交口县农作物总播种面积 18.59 万亩，粮食播种面积为 16.92 万亩，总产量为 27 955 吨。其中，玉米 9.35 万亩，总产 21 166 吨，亩产 226 千克；豆类 2.04 万亩，总产 1 344 吨，亩产 66 千克；薯类（折粮）2.15 万亩，总产 3 225 吨，亩产 150 千克；油料 1.41 万亩，总产 533 吨，亩产 38 千克；药材 0.11 万亩，总产 208 吨，亩产 189 千克；蔬菜 0.15 万亩，总产 389 吨，亩产 259 千克。

效益分析：旱地玉米平均亩产 226 千克，每千克售价 1.4 元，亩产值 316.4 元，亩投入 200 元，亩收益 116.4 元；如遇"卡脖旱"，颗粒无收；如遇旱年，投入加大、收益降低。

三、施肥现状与耕地养分演变

交口县大田施肥情况呈现农家肥施用量下降的趋势。过去农村耕地、运输主要以畜力为主，农家肥主要是大牲畜粪便。1950年全县仅有大牲畜0.85万头，随着新中国成立后农业生产的恢复和发展，1971年发展到1.08万头；直到1983年以前一直在1.10万头以下徘徊。随家庭承包经营的推行，农业生产迅猛发展，到1985年，大牲畜突破了1.50万头，1990年发展到1.64万头。随着农业机械化水平的提高，大牲畜又呈下降趋势，到2009年全县仅有大牲畜3 640头。猪和鸡的数量虽然大量增加，但粪便主要施入菜田、果园等效益较高的经济作物。因而，目前大田土壤中有机质含量的增加主要依靠秸秆还田。化肥的使用量从逐年增加到趋于合理。据统计资料，1951年，全县化肥施用量（折纯）仅为6吨；1969年为521吨；1993年为6 675吨；是1969年的12倍多；1998年为8 295吨；2001年为11 021吨。2009年全县平衡施肥面积18.59万亩，微肥施用面积逐年增加，秸秆还田面积2万余亩。化肥施用量（实物）为5 792吨，其中氮肥3 034吨，磷肥243吨，钾肥65吨，复合肥为2 450吨。

随着农业生产的发展、秸秆还田、平衡施肥技术的推广，2009年全县耕地耕层土壤养分测定结果比1984年第二次全国土壤普查普遍提高。土壤有机质平均增加了11.84克/千克，全氮增加了0.57克/千克，有效磷增加了2.50毫克/千克，速效钾增加了31.69毫克/千克。随着测土配方施肥技术的全面推广应用，土壤肥力会不断提高。

四、耕地利用与保养管理简要回顾

1985—1995年，根据全国第二次土壤普查结果，交口县划分了土壤利用改良区，根据不同土壤类型、不同土壤肥力和不同生产水平，提出了合理利用培肥措施，达到了培肥土壤的目的。1995—2005年，随着农业产业结构调整步伐加快，实施"沃土计划"、推广平衡施肥、玉米秸秆直接还田，特别是2009年，测土配方施肥项目的实施，使全县施肥更合理，加上退耕还林等生态措施的实施，农业大环境得到了有效改善。近年来，随着科学发展观的贯彻落实，环境保护力度不断加大，农田环境日益好转。同时政府加大对农业的投入。通过一系列有效措施，全县耕地生产正逐步向优质、高产、高效、安全迈进。

第二章　耕地地力调查与方法

根据《耕地地力调查与质量评价技术规程》（以下简称《规程》）和《全国测土配方施肥技术规范》（以下简称《规范》）的要求，通过肥料效应田间试验、样品采集与制备、田间基本情况调查、土壤与植株测试、肥料配方设计、配方肥料合理使用、效果反馈与评价、数据汇总、报告撰写等内容、方法与操作规程和耕地地力评价方法的工作过程，进行耕地地力调查和质量评价。这次调查和评价是基于4个方面进行的。一是通过耕地地力调查与评价，合理调整农业结构、满足市场对农产品多样化、优质化的要求以及经济发展的需要。二是全面了解耕地质量现状，为无公害农产品、绿色食品、有机食品生产提供科学依据，为人民提供健康安全食品。三是针对耕地土壤的障碍因子，提出中低产田改造、防止土壤退化及修复已污染土壤的意见和措施，提高耕地综合生产能力。四是通过调查，建立全县耕地资源信息管理系统和测土配方施肥专家咨询系统，对耕地质量和测土配方施肥实行计算机网络管理，形成较为完善的测土配方施肥数据库，为农业增产、增效，农民增收提供科学决策依据，保证农业可持续发展。

第一节　工作准备

一、组织准备

由山西省农业厅牵头成立测土配方施肥和耕地地力调查领导组、专家组、技术指导组，交口县成立相应的领导组、办公室、野外调查队和室内资料数据汇总组。

二、物资准备

根据《规程》和《规范》的要求，进行了充分物资准备，先后配备了GPS定位仪、不锈钢土钻、计算机、钢卷尺、100立方厘米环刀、土袋、可封口塑料袋、水样瓶、水样固定剂、化验药品、化验室仪器以及调查表格等。并在原来土壤化验室基础上，进行必要补充和维修，为全面调查和室内化验分析做好了充分的物资准备。

三、技术准备

领导组聘请农业系统有关专家及第二次土壤普查有关人员，组成技术指导组，根据《规程》和《山西省2005年区域性耕地地力调查与质量评价实施方案》及《规范》，制订了《交口县测土配方施肥技术规范及耕地地力调查与质量评价技术规程》，并编写了技术培训教材。在采样调查前对采样调查人员进行认真、系统的技术培训。

四、资料准备

按照《规程》和《规范》要求，收集了交口县行政规划图、地形图、第二次土壤普查成果图、基本农田保护区划图、土地利用现状图、农田水利分区图等图件。收集了第二次土壤普查成果资料，基本农田保护区地块基本情况、基本农田保护区划统计资料，大气和水质量污染分布及排污资料，农作物面积、品种、产量及污染等有关资料，农田退耕还林规划，肥料、农药使用品种及数量，肥力动态监测等资料。

第二节　室内预研究

一、确定采样点位

（一）布点与采样原则

为了使土壤调查所获取的信息具有一定的典型性和代表性，提高工作效率，节省人力和资金。采样前参考县级土壤图，做好采样点规划设计，确定采样点位。实际采样时严禁随意变更采样点，若有变更须注明理由。布点和采样主要遵循了以下原则：一是布点具有广泛的代表性，同时兼顾均匀性，根据土壤类型、土地利用等因素，将采样区域划分为若干个采样单元，每个采样单元的土壤性状要尽可能均匀一致。二是耕地地力调查与污染调查（面源污染与点源污染）相结合，适当加大污染源点位密度。三是尽可能在全国第二次土壤普查时的剖面或农化样取样点上布点。四是采集的样品具有典型性，能代表评价单元最明显、最稳定、最典型的特征，尽量避免各种非调查因素的影响。五是所调查农户随机抽取，按照事先所确定采样地点寻找符合基本采样条件的农户进行，采样在符合要求的同一农户的同一地块内进行。

（二）布点方法

1. 大田土样布点方法　按照《规程》和《规范》的要求，结合交口县实际情况，将大田样点密度定为平原区、丘陵区平均每120亩一个点位，实际布设大田样点3 786个。一是依据山西省第二次土壤普查土种归属表，把那些图斑面积过小的土种，适当合并至母质类型相同、质地相近、土体构型相似的土种，修改编绘出新的土种图。二是将归并后的土种图与基本农田保护区划图和土地利用现状图叠加，形成评价单元。三是根据评价单元的个数及相应面积，在样点总数的控制范围内，初步确定不同评价单元的采样点数。四是在评价单元中，根据图斑大小、种植制度、作物种类、产量水平等因素的不同，确定布点数量和点位，并在图上予以标注，点位尽可能选在第二次土壤普查时的典型剖面取样点或农化样品取样点上。五是不同评价单元的取样数量和点位确定后，按照土种、作物品种、产量水平等因素，分别统计其相应的取样数量。当某一因素点位数过少或过多时，再根据实际情况进行适当调整。

2. 耕地质量调查土样布点方法　面源耕地土壤环境质量调查土样，按每个代表面积100亩布点：在疑似污染区，标点密度适当加大，按30～80亩布点，如污染灌溉区，城市垃圾或工业废渣集中排放区，农药、化肥、农用塑料大量施用的农田为调查重点。根据调查了解的实际情况，确定点位位置，根据污染类型及面积，确立布点方法。此次调查，共布设面源质量调查土样53个。

点源环境调查土样，采样点在污染源（厂矿、出境口）各取3个土样（每个样距污染中心源250米、500米、1500米处分别布点采取）。此次调查共布设点源环境质量调查土样26个。

二、确定采样方法

（一）大田土样采集方法

1. 采样时间 在大田作物收获后、秋播作物施肥前进行。按叠加图上确定的调查点位去野外采集样品。通过向农民实地了解当地的农业生产情况，确定最具代表性的同一农户的同一块田采样，田块面积均在1亩以上，并用GPS定位仪确定地理坐标和海拔高程，记录经纬度，精确到0.1″。依此数据准确修正点位图上的点位位置。

2. 调查、取样 向已确定采样田块的户主，按农户地块调查表格的内容逐项进行调查并认真填写。调查严格遵循实事求是的原则，对那些提供信息不清楚的农户，通过访问地力水平相当、位置基本一致的其他农户或对实物进行核对推算。采样主要采用"S"法，均匀随机采取15～20个采样点样品，充分混合后，四分法留取1千克组成一个土壤样品，并装入已准备好的土袋中。

3. 采样工具 主要采用不锈钢土钻，采样过程中努力保持土钻垂直，样点密度均匀，基本符合厚薄、宽窄、数量的均匀特征。

4. 采样深度 为0～20厘米耕作层土样。

5. 采样记录 填写两张标签，土袋内外各具1张，注明采样编号、采样地点、采样人、采样日期等。采样同时，填写大田采样点基本情况调查表和大田采样点农户调查表。

（二）耕地质量调查土样采集方法

根据污染类型及面积大小，确定采样点布设方法。污水灌溉农田采用对角线布点法；固体废物污染农田或污染源附近农田采用棋盘或同心圆布点法；面积较小、地形平坦区域采用梅花布点法；面积较大、地势较复杂区域采用"S"法。每个样品一般由20～25个采样点样品组成，面积大的适当增加采样点。采样深度一般为0～20厘米。采样同时，对采样地环境情况进行调查。

（三）土壤容重采样方法

大田土壤选择5～15厘米土层，打3个环刀。蔬菜地普通样品在10～25厘米，剖面样品在每层中部位置打环刀，每层打3个环刀。土壤容重点位和大田样点、菜田样点或土壤质量调查样点相吻合。

三、确定调查内容

根据《规范》要求，按照"测土配方施肥采样地块基本情况调查表"认真填写。这次调查的范围是基本农田保护区耕地和园地（包括蔬菜、果园和其他经济作物田）。调查内容主要有4个方面：一是与耕地地力评价相关的耕地自然环境条件，农田基础设施建设水平和土壤理化性状，耕地土壤障碍因素和土壤退化原因等。二是与农产品品质相关的耕地土壤环境状况，如土壤的富营养化、养分不平衡与缺乏微量元素和土壤污染等。三是与农业结构调整密切相关的耕地土壤适宜性问题等。四是农户生产管理情况调查。

以上资料的获得，一是利用第二次土壤普查和土地利用详查等现有资料，通过收集整理而来。二是采用以点带面的调查方法，经过实地调查访问农户获得的。三是对所采集样品进行相关分析化验后取得。四是将所有资料、包括农户生产管理情况调查资料等分析数据录入到计算机中，并经过矢量化处理形成数字化图件、插值，使每个地块均具有各种资料信息。这些资料和信息，对分析耕地地力评价与耕地质量评价结果及影响因素具有重要意义。通过分析农户生产投入和生产管理对耕地地力土壤环境的影响，分析农民现阶段投入成本与耕地质量的直接关系，有利于提高成果的利用价值，引起各级领导的关注。通过对每个地块资源的充实完善，可以从微观角度，对土、肥、气、热、水资源运行情况有更周密的了解，提出管理措施和对策，指导农民进行资源的合理利用和分配。通过对信息资料的了解和掌握，可以宏观调控资源配置，合理调整农业产业结构，科学指导农业生产。

四、确定分析项目和方法

根据《规程》及《山西省耕地地力调查及质量评价实施方案》和《规范》规定，土壤质量调查样品检测项目为：pH、有机质、全氮、碱解氮、有效磷、速效钾、缓效钾、有效硫、阳离子交换量、有效铜、有效锌、有效铁、有效锰、水溶性硼14个项目。

五、确定技术路线

交口县耕地地力调查与质量评价所采用的技术路线见图2-1。

（一）确定评价单元

利用基本农田保护区区划图、土壤图和土地利用现状图叠加的图斑作为基本评价单元。相似相近的评价单元至少采集一个土壤样品进行分析，在评价单元图上连接评价单元属性数据库，用计算机绘制各评价因子图。

（二）确定评价因子

根据全国、山西省级耕地地力评价指标体系并通过农科教专家论证来选择交口县域耕地地力评价因子。

（三）确定评价因子权重

用模糊数学德尔菲法和层次分析法将评价因子标准数据化，并计算出每一评价因子的权重。

（四）数据标准化

选用隶属函数法和专家经验法等数据标准化方法，对评价指标进行数据标准化处理，对定性指标要进行数值化描述。

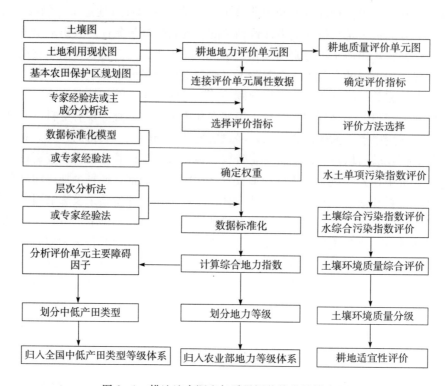

图 2-1　耕地地力调查与质量评价技术路线流程

（五）综合地力指数计算

用各因子的地力指数累加得到每个评价单元的综合地力指数。

（六）划分地力等级

根据综合地力指数分布的累积频率曲线法或等距法，确定分级方案，并划分地力等级。

（七）归入全国耕地地力等级体系

依据《全国耕地类型区、耕地地力等级划分》（NY/T 309—1996），归纳整理各级耕地地力要素主要指标，结合专家经验，将各级耕地地力归入全国耕地地力等级体系。

（八）划分中低产田类型

依据《全国中低产田类型划分与改良技术规范》（NY/T 310—1996），分析评价单元耕地土壤主要障碍因素，划分并确定中低产田类型。

（九）耕地质量评价

用综合污染指数法评价耕地土壤环境质量。

第三节　野外调查及质量控制

一、调查方法

野外调查的重点是对取样点的立地条件，土壤属性，农田基础设施条件，农户栽培管理成本、收益及污染等情况全面了解、掌握。

1. 室内确定采样位置　技术指导组根据要求，在1∶10 000评价单元图上确定各类型采样点的采样位置，并在图上标注。

2. 培训野外调查人员　抽调技术素质高、责任心强的农业技术人员，尽可能抽调第二次土壤普查人员，经过为期3天的专业培训和野外实习，组成7支野外调查队，共20余人参加野外调查。

3. 根据《规程》和《规范》要求严格取样　各野外调查支队根据图标位置，在了解农户农业生产情况的基础上，确定具有代表性的田块和农户，用GPS定位仪进行定位，依据田块准确方位修正点位图上的点位位置。

4. 按照《规程》、省级实施方案要求和《规范》规定，填写调查表格，并将采集的样品统一编号，带回室内化验。

二、调查内容

（一）基本情况调查项目

1. 采样地点和地块　地址名称采用民政部门认可的正式名称。地块采用当地的通俗名称。

2. 经纬度及海拔高度　由GPS定位仪进行测定。

3. 地形地貌　以形态特征划分为5大地貌类型，即山地、丘陵、平原、高原及盆地。

4. 地形部位　指中小地貌单元。主要包括河漫滩、一级阶地、二级阶地、高阶地、坡地、梁地、垣地、峁地、山地、沟谷、洪积扇（上、中、下）、倾斜平原、河槽地、冲积平原。

5. 坡度　一般分为<2.0°、2.1°～5.0°、5.1°～8.0°、8.1°～15.0°、15.1°～25.0°、≥25.0°。

6. 侵蚀情况　按侵蚀种类和侵蚀程度记载，根据土壤侵蚀类型可划分为水蚀、风蚀、重力侵蚀、冻融侵蚀、混合侵蚀等，侵蚀程度通常分为无明显、轻度、中度、强度、极强度5级。

7. 潜水深度　指地下水深度，分为深位（3～5米）、中位（2～3米）、浅位（≤2米）。

8. 家庭人口及耕地面积　指每个农户实有的人口数量和种植耕地面积（亩）。

（二）土壤性状调查项目

1. 土壤名称　统一按第二次土壤普查时的连续命名法填写，详细到土种。

2. 土壤质地　采用国际制；全部样品均需采用手摸测定；质地分为：沙土、沙壤、壤土、黏壤、黏土5级。室内选取10%的样品采用比重计法（粒度分布仪法）测定。

3. 质地构型　指不同土层之间质地构造变化情况。一般可分为通体壤、通体黏、通体沙、黏夹沙、底沙、壤夹黏、多砾、少砾、夹砾、底砾、少姜、多姜等。

4. 耕层厚度　用铁锹垂直铲下去，用钢卷尺按实际进行测量确定。

5. 障碍层次及深度　主要指沙土、黏土、砾石、料姜等所发生的层位、层次及深度。

6. 土壤母质　按成因类型分为保德红土、残积物、河流冲积物、洪积物、黄土状冲积物、离石黄土、马兰黄土等类型。

（三）农田设施调查项目

1. 地面平整度 按大范围地形坡度分为平整（＜2°）、基本平整（2°～5°）、不平整（＞5°）。

2. 梯田化水平 分为地面平坦、园田化水平高，地面基本平坦、园田化水平较高，高水平梯田，缓坡梯田，新修梯田，坡耕地6种类型。

（四）生产性能与管理情况调查项目

1. 种植（轮作）制度 分为一年一熟、一年两熟、两年三熟等。

2. 作物（蔬菜）种类与产量 指调查地块上年度主要种植作物及其平均产量。

3. 耕翻方式及深度 指翻耕、旋耕、耙地、糖地、中耕等。

4. 秸秆还田情况 分翻压还田、覆盖还田等。

5. 设施类型、棚龄或种菜年限 分为薄膜覆盖、塑料拱棚、温室等，棚龄以正式投入使用算起。

6. 年度施肥情况 包括有机肥、氮肥、磷肥、钾肥、复合（混）肥、微肥、叶面肥、微生物肥及其他肥料施用情况，有机肥要注明类型，化肥指纯养分。

7. 上年度生产成本 包括化肥、有机肥、农药、农膜、种子（种苗）、机械人工及其他。

8. 上年度农药使用情况 农药作用次数、品种、数量。

9. 产品销售及收入情况。

10. 作物品种及种子来源。

11. 蔬菜效益 指当年纯收益。

三、采样数量

在交口县39.56万亩耕地上，共采集大田土壤样品3 786个。

四、采样控制

野外调查采样是此次调查评价的关键。既要考虑采样的代表性、均匀性，也要考虑采样的典型性。根据交口县的区划划分特征，分别在不同地力水平的农田严格按照《规程》和《规范》要求均匀布点，并按图标布点实地核查后进行定点采样。在工矿周围的农田质量调查方面，对使用工矿周边的农田以及大气污染较重的工业、金属镁厂等附近农田进行了重点采样。整个采样过程严肃认真，达到了《规程》要求，保证了调查采样质量。

第四节　样品分析及质量控制

一、分析项目及方法

（一）物理性状

土壤容重：采用环刀法测定。

（二）化学性状

1. 土壤样品

（1）pH：土液比 1：2.5，电位法测定。

（2）有机质：采用油浴加热重铬酸钾氧化容量法测定。

（3）全磷：采用氢氧化钠熔融——钼锑抗比色法测定。

（4）有效磷：采用碳酸氢钠或氟化铵——盐酸浸提——钼锑抗比色法测定。

（5）全钾：采用氢氧化钠熔融——火焰光度计或原子吸收分光光度计法测定。

（6）速效钾：采用乙酸铵浸提——火焰光度计或原子吸收分光光度计法测定。

（7）全氮：采用凯氏蒸馏法测定。

（8）碱解氮：采用碱解扩散法测定。

（9）缓效钾：采用硝酸提取——火焰光度法测定。

（10）有效铜、锌、铁、锰：采用 DTPA 提取——原子吸收光谱法测定。

（11）有效钼：采用草酸——草酸铵浸提——极谱法测定。

（12）水溶性硼：采用沸水浸提——甲亚胺—H 比色法或姜黄素比色法测定。

（13）有效硫：采用磷酸盐—乙酸或氯化钙浸提——硫酸钡比浊法测定。

（14）有效硅：采用柠檬酸浸提——硅钼蓝色比色法测定。

（15）交换性钙和镁：采用乙酸铵提取——原子吸收光谱法测定。

（16）阳离子交换量：采用 EDTA—乙酸铵盐交换法测定。

2. 土壤污染样品

（1）pH：采用玻璃电极法。

（2）铅、镉：采用石墨炉原子吸收分光光度法（GB/T 17141—1997）。

（3）总汞：采用冷原子吸收光谱法（GB/T 17136—1997）。

（4）总砷：采用二乙基二硫代氨基甲酸银分光光度法（GB/T 17134—1997）。

（5）总铬：采用火焰原子吸收分光光度法（GB/T 17137—1997）。

（6）铜、锌：采用火焰原子吸收分光光度法（GB/T 17138—1997）。

（7）镍：采用火焰原子吸收分光光度法（GB/T 17139—1997）。

（8）六六六、滴滴涕：采用气相色谱法（GB 14550—2003）。

二、分析测试质量控制

分析测试质量主要包括野外调查取样后样品的风干、处理与实验室分析化验质量，其质量的控制是调查评价的关键。

（一）样品风干及处理

常规样品如大田样品，及时放置在干燥、通风、卫生、无污染的室内风干，风干后送化验室处理。

将风干后的样品平铺在制样板上，用木棍或塑料棍碾压，并将植物残体、石块等侵入体和新生体剔除干净。细小已断的植物须根，可采用静电吸附的方法清除。压碎的土样用 2 毫米孔径筛过筛，未通过的土粒重新碾压，直至全部样品通过 2 毫米孔径筛为止。通过

2毫米孔径筛的土样可供 pH、交换性能及有效养分等项目的测定。

将通过 2 毫米孔径筛的土样用四分法取出一部分继续碾磨，使之全部通过 0.25 毫米孔径筛，供有机质、全氮、碳酸钙等项目的测定。

用于微量元素分析的土样，其处理方法同一般化学分析样品，但在采样、风干、研磨、过筛、运输、储存等诸环节都要特别注意，不要接触容易造成样品污染的铁、铜等金属器具。采样、制样推荐使用不锈钢、木、竹或塑料工具，过筛使用尼龙网筛等。通过 2 毫米孔径尼龙筛的样品可用于测定土壤有效态微量元素。

将风干土样反复碾碎，用 2 毫米孔径筛过筛。留在筛上的碎石称量后保存，同时将过筛的土壤称重，计算石砾质量百分数。将通过 2 毫米孔径筛的土样混匀后盛于广口瓶内，用于颗粒分析及其他物理性状测定。若风干土样中有铁锰结核、石灰结核、铁子或半风化体，不能用木棍碾碎，应首先将其细心拣出称量保存，然后再进行碾碎。

（二）实验室质量控制

1. 测试前采取的主要措施

（1）方案的制订：按《规程》要求制订了周密的采样方案，尽量减少采样误差（把采样作为分析检验的一部分）。

（2）人员的培训：正式开始分析前，对检验人员进行了为期 2 周的培训。对检测项目、检测方法、操作要点、注意事项一一进行培训，并对培训质量进行了考核，为检验人员掌握了解项目分析技术、提高业务水平、减少误差奠定了基础。

（3）收样登记制度：制订了收样登记制度，将收样时间、制样时间、处理方法与时间、分析时间一一登记，并在收样时确定样品统一编码、野外编码及标签等，从而确保了样品的真实性和整个过程的完整性。

（4）测试方法确认（尤其是同一项目有几种检测方法时）：根据实验室现有条件、要求规定及分析人员掌握情况等确立最终采取的分析方法。

（5）测试环境确认：为减少系统误差，对实验室温湿度、试剂、用水、器皿等一一检验，保证其符合测试条件。对有些相互干扰的项目分实验室进行分析。

（6）仪器的使用：检测用仪器设备及时进行计量检定，定期进行运行状况检查。

2. 检测中采取的主要措施

（1）仪器使用实行登记制度，并及时对仪器设备进行检查维修和调整。

（2）严格执行项目分析标准或《规程》，确保测试结果准确性。

（3）坚持平行试验、必要的重现性试验，控制精密度，减少随机误差。

每个项目开始分析时每批样品均须做 100% 平行样品，结果稳定后，平行次数减少 50%，但最少保证做 10%～15% 平行样品。每个化验人员都自行编入明码样做平行测定，质控员还编入 10% 密码样进行质量控制。

平行双样测定结果的误差在允许的范围之内为合格；平行双样测定全部不合格者，该批样品须重新测定；平行双样测定合格率＜95% 时，除对不合格的重新测定外，再增加 10%～20% 的平行测定率，直到总合格率达 95%。

（4）坚持带质控样进行测定：

①与标准样对照。分析中，每批次样品带标准样品 10%～20%，在测定的精密度合格的前提下，标准样测定值在标准保证值（95%的置信水平）范围内为合格，否则本批结果无效，进行重新分析测定。

②加标回收法：灌溉水样由于无标准物质或质控样品，采用加标回收试验来测定准确度。

③加标率。在每批样品中，随机抽取 10%～20%试样进行加标回收测定。

④加标量。被测组分的总量不得超出测定方法的上限。加标浓度宜高，体积应小，不应超过原定试样体积的 1%。

加标回收率在 90%～110%范围内的为合格。

$$加标回收率（\%）= \frac{测得总量-样品含量}{标准加入量} \times 100$$

根据回收率大小，也可判断是否存在系统误差。

（5）注重空白试验：全程空白值是指用某一方法测定某物质时，除样品中不含该物质外，整个分析过程中引起的信号值或相应浓度值。它包含了试剂、蒸馏水中杂质带来的干扰，从待测试样的测定值中扣除，可消除上述因素带来的系统误差。如果空白值过高，则要找出原因，采取其他措施（如提纯试剂、更新试剂、更换容器等）加以消除。保证每批次样品做 2 个以上空白样，并在整个项目开始前按要求做全程空白测定，每次做 2 个平行空白样，连测 5 天共得 10 个测定结果，计算批内标准偏差 S_{wb}。

$$S_{wb} = \left[\sum (X_i - X_平)^2 / m(n-1) \right]^{1/2}$$

式中：n ——每天测定平均样个数；

m ——测定天数。

（6）做好校准曲线：比色分析中标准系列保证设置 6 个以上浓度点。根据浓度和吸光值按一元线性回归方程计算其相关系数。

$$Y = a + bX$$

式中：Y ——吸光度；

X ——待测液浓度；

a ——截距；

b ——斜率。

要求标准曲线相关系数 r≥0.999。

校准曲线控制：①每批样品皆需做校准曲线；②标准曲线力求 r≥0.999，且有良好重现性；③大批量分析时每测 10～20 个样品要用标准液校验，检查仪器运行状况；④待测液浓度超标时不能任意外推。

（7）用标准物质校核实验室的标准滴定溶液：标准物质的作用是校准，对测量过程中使用的基准纯、优级纯的试剂进行校验。校准合格才能使用，确保量值准确。

（8）详细、如实记录测试过程：使检测结果可再现、检测数据可追溯。对测量过程中出现的异常情况也及时记录，及时查找原因。

（9）认真填写测试原始记录：测试记录做到如实、准确、完整、清晰。记录的填写、更改均制订了相应制度和程序。当测试由一人读数一人记录时，记录人员复读多次所记的数字，减少误差发生。

3. 检测后主要采取的技术措施

（1）加强原始记录校核、审核：实行"三审三校"制度，对发现的问题及时研究、解决，或召开质量分析会，达成共识。

（2）运用质量控制图预防质量事故发生：对运用均值—极差控制图的判断，参照《质量专业理论与实名》中的判断准则。对控制样品进行多次重复测定，由所得结果计算出控制样的平均值 X 及标准差 S（或极差 R），就可绘制均值—标准差控制图（或均值—极差控制图）。纵坐标为测定值，横坐标为获得数据的顺序。将均值 X 作成与横坐标平行的中心级 CL，$X\pm3S$ 为上下警戒限 UCL 及 LCL，$X\pm2S$ 为上下警戒限 UWL 及 LWL。在进行试样例行分析时，每批带入控制样，根据差异判异准则进行判断。如果在控制限之外，该批结果为全部错误结果，则必须查出原因，采取措施，加以消除，除"回控"后再重复测定，并控制错误不再出现，如果控制样的结果落在控制限和警戒限之间，说明精密度已不理想，应引起注意。

（3）控制检出限：检出限是指对某一特定的分析方法在给定的置信水平内，可以从样品中检测的待测物质的最小浓度或最小量。根据空白测定的批内标准偏差（S_{wb}）按下列公式计算检出限（95％的置信水平）。

①若试样一次测定值与零浓度试样一次测定值有显著性差异时，检出限（L）按下列公式计算。

$$L = 2 \times 2^{1/2} t_f S_{wb}$$

式中：L ——方法检出限；

$\quad\quad t_f$ ——显著水平为 0.05（单侧）、自由度为 f 的 t 值；

$\quad\quad S_{wb}$——批内空白值标准偏差；

$\quad\quad f$ ——批内自由度，$f=m(n-1)$，m 为重复测定次数，n 为平行测定次数。

②原子吸收分析方法中检出限计算：$L=3S_{wb}$。

③分光光度法以扣除空白值后的吸光值为 0.010 相对应的浓度值为检出限。

（4）及时对异常情况处理：

①异常值的取舍。对检测数据中的异常值，按 GB 4883 标准规定采用 Grubbs 法或 Dixon 法加以判断处理。

②外界干扰（如停电、停水）。检测人员应终止检测，待排除干扰后再重新检测，并记录干扰情况。当仪器出现故障时，故障排除并校准合格的，方可重新检测。

（5）数据的处理：使用计算机采集、处理、运算、记录、报告、存储检测数据时，应制订相应的控制程序。

（6）检验报告的编制、审核、签发：检验报告是实验工作的最终结果，是实验室工作的产品，因此对检验报告质量要高度重视。检验报告应做到完整、准确、清晰、结论正确。必须坚持三级审核制度，明确制表、审核、签发的职责。

除此之外，为保证分析化验质量，提高实验室之间分析结果的可比性，山西省土壤肥料工作站抽查 5％～10％样品在省测试中心进行复核，并编制密码样，对实验室进行质量监督和控制。

4. 技术交流 在分析过程中，发现问题及时交流，改进方法，不断提高技术水平。

5. 数据录入 分析数据按《规程》和方案要求审核后编码整理，和采样点——对照，确认无误后进行录入。采取双人录入相互对照的方法，保证录入正确率。

第五节 评价依据、方法及评价标准体系的建立

一、评价原则依据

耕地地力评价

经专家评议，交口县确定了三大因素15个因子为耕地地力评价指标。

1. 立地条件 指耕地土壤的自然环境条件，它包含与耕地质量直接相关的地貌类型及地形部位、成土母质、地面坡度等。

（1）地貌类型及其特征描述：交口县的主要地形地貌有河流及河谷、丘陵（梁地、坡地等）和山地（石质山、土石山等）。

（2）成土母质及其主要分布：在交口县耕地上分布的母质类型为近代河流洪积—冲积物、残积和坡积物。即砂页岩、石质岩、黑垆土、红土、离石黄土、马兰黄土及冲积沙砾石黄土状压沙土。

（3）地面坡度：地面坡度反映水土流失程度，直接影响耕地地力，交口县将地面坡度依大小分成 6 级（＜2.0°、2.1°～5.0°、5.1°～8.0°、8.1°～15.0°、15.1°～25.0°、≥25.0°）进入地力评价系统。

2. 土壤属性

（1）土体构型：指土壤剖面中不同土层间质地构造变化情况，直接反映土壤发育及障碍层次，影响根系发育、水肥保持及有效供给，包括有效土层厚度、耕作层厚度、质地构型等 3 个因素。

①有效土层厚度。指土壤层和松散的母质层之和，按其厚度（厘米）深浅从高到低依次分为 6 级（＞150、101～150、76～100、51～75、26～50、≤25）进入地力评价系统。

②耕层厚度。按其厚度（厘米）深浅从高到低依次分为 6 级（＞30、26～30、21～25、16～20、11～15、≤10）进入地力评价系统。

③质地构型。交口县耕地质地构型主要分为通体型（包括通体壤、通体黏、通体沙）、夹沙（包括壤夹沙、黏夹沙）、底沙、夹黏（包括壤夹黏、沙夹黏）、深黏、夹砾、底砾、通体少砾、通体多砾、通体少姜、浅姜、通体多姜等。

（2）耕层土壤理化性状：分为较稳定的理化性状（容重、质地、有机质、盐渍化程度、pH）和易变化的化学性状（有效磷、速效钾）两大部分。

①质地。影响水肥保持及耕作性能。按卡庆斯基制的 6 级划分体系来描述，分别为沙土、沙壤、轻壤、中壤、重壤、黏土。

②有机质。土壤肥力的重要指标，直接影响耕地地力水平。按其含量（克/千克）从高到低依次分为 6 级（＞25.00、20.01～25.00、15.01～20.00、10.01～15.00、5.01～10.00、≤5.00）进入地力评价系统。

③pH。过大或过小均影响作物生长发育。按照交口县耕地土壤的 pH 范围，按其测

定值由低到高依次分为 6 级（6.0～7.0、7.0～7.9、7.9～8.5、8.5～9.0、9.0～9.5、≥9.5）进入地力评价系统。

④有效磷。按其含量（毫克/千克）从高到低依次分为 6 级（＞25.00、20.1～25.00、15.1～20.00、10.1～15.00、5.1～10.00、≤5.00）进入地力评价系统。

⑤速效钾。按其含量（毫克/千克）从高到低依次分为 6 级（＞200、151～200、101～150、81～100、51～80、≤50）进入地力评价系统。

3. 农田基础设施条件　梯（园）田化水平：按园田化和梯田类型及其熟化程度分为地面平坦、园田化水平高，地面基本平坦、园田化水平较高，高水平梯田，缓坡梯田、熟化程度 5 年以上，新修梯田，坡耕地 6 种类型。

二、评价方法及流程

耕地地力评价

1. 技术方法

（1）文字评述法：对一些概念性的评价因子（如地形部位、土壤母质、质地构型、土壤质地、梯田化水平、盐渍化程度等）进行定性描述。

（2）专家经验法（德尔菲法）：在全省农科教系统邀请土肥界具有一定学术水平和农业生产实践经验的 34 名专家，参与评价因素的筛选和隶属度的确定（包括概念型和数值型评价因子的评分）见表 2-1。

表 2-1　参与评价因素的筛选和隶属度确定

因　子	平均值	众数值	建议值
立地条件（C_1）	1.6	1 (17)	1
土体构型（C_2）	3.7	3 (15) 5 (13)	3
较稳定的理化性状（C_3）	4.47	3 (13) 5 (10)	4
易变化的化学性状（C_4）	4.2	5 (13) 3 (11)	5
农田基础建设（C_5）	1.47	1 (17)	1
地形部位（A_1）	1.8	1 (23)	1
成土母质（A_2）	3.9	3 (9) 5 (12)	5
地面坡度（A_3）	3.1	3 (14) 5 (7)	3
有效土层厚度（A_4）	2.8	1 (14) 3 (9)	1
耕层厚度（A_5）	2.7	3 (17) 1 (10)	3
剖面构型（A_6）	2.8	1 (12) 3 (11)	1
耕层质地（A_7）	2.9	1 (13) 5 (11)	1
有机质（A_9）	2.7	1 (14) 3 (11)	3
pH（A_{11}）	4.5	3 (10) 7 (10)	5
有效磷（A_{12}）	1.0	1 (31)	1
速效钾（A_{13}）	2.7	3 (16) 1 (10)	3
梯（园）田化水平（A_{15}）	4.5	5 (15) 7 (7)	5

（3）模糊综合评判法：应用这种数理统计的方法对数值型评价因子（如地面坡度、有效

土层厚度、耕层厚度、土壤容重、有机质、有效磷、速效钾、酸碱度、灌溉保证率等）进行定量描述，即利用专家给出的评分（隶属度）建立某一评价因子的隶属函数，见表2-2。

表2-2　交口县耕地地力评价数值型因子分级及其隶属度

评价因子	量纲	1级	2级	3级	4级	5级	6级
		量值	量值	量值	量值	量值	量值
地面坡度	°	<2.0	2.0~5.0	5.1~8.0	8.1~15.0	15.1~25.0	≥25
有效土层厚度	厘米	>150	101~150	76~100	51~75	26~50	≤25
耕层厚度	厘米	>30	26~30	21~25	16~20	11~15	≤10
有机质	克/千克	>25.0	20.01~25.00	15.01~20.00	10.01~15.00	5.01~10.00	≤5.00
pH		6.7~7.1	7.1~7.9	8.0~8.5	8.6~9.0	9.1~9.5	≥9.5
有效磷	毫克/千克	>25.0	20.1~25.0	15.1~20.0	10.1~15.0	5.1~10.0	≤5.0

（4）层次分析法：用于计算各参评因子的组合权重。本次评价把耕地生产性能（即耕地地力）作为目标层（G层），把影响耕地生产性能的立地条件、土体构型、较稳定的理化性状、易变化的化学性状、农田基础设施条件作为准则层（C层），再把影响准则层中各因素的项目作为指标层（A层），建立耕地地力评价层次结构图。在此基础上，由34名专家分别对不同层次内各参评因素的重要性作出判断，构造出不同层次间的判断矩阵。最后计算出各评价因子的组合权重。

（5）指数和法：采用加权法计算耕地地力综合指数，即将各评价因子的组合权重与相应的因素等级分值（即由专家经验法或模糊综合评判法求得的隶属度）相乘后累加，如：

$$IFI = \sum B_i \times A_i (i = 1,2,3,\cdots,15)$$

式中：IFI ——耕地地力综合指数；

B_i ——第 i 个评价因子的等级分值；

A_i ——第 i 个评价因子的组合权重。

2. 技术流程

（1）应用叠加法确定评价单元：把基本农田保护区规划图与土地利用现状图、土壤图叠加形成的图斑作为评价单元。

（2）空间数据与属性数据的连接：用评价单元图分别与各个专题图叠加，为每一评价单元获取相应的属性数据。根据调查结果，提取属性数据进行补充。

（3）确定评价指标：根据全国耕地地力调查评价指数表，由山西省土壤肥料工作站组织34名专家，采用德尔菲法和模糊综合评判法确定交口县耕地地力评价因子及其隶属度。

（4）应用层次分析法确定各评价因子的组合权重。

（5）数据标准化：计算各评价因子的隶属函数，对各评价因子的隶属度数值进行标准化。

（6）应用累加法计算每个评价单元的耕地地力综合指数。

（7）划分地力等级：分析综合地力指数分布，确定耕地地力综合指数的分级方案，划分地力等级。

（8）归入农业部地力等级体系：选择10％的评价单元，调查近3年粮食单产（或用基础地理信息系统中已有资料），与以粮食作物产量为引导确定的耕地基础地力等级进行相关分析，找出两者之间的对应关系，将评价的地力等级归入农业部确定的等级体系（NY/T 309—1996 全国耕地类型区、耕地地力等级划分）。

（9）采用 GIS、GPS 系统编绘各种养分图和地力等级图等图件。

三、评价标准体系建立

耕地地力评价标准体系建立

1. 耕地地力要素的层次结构 见图 2-2。

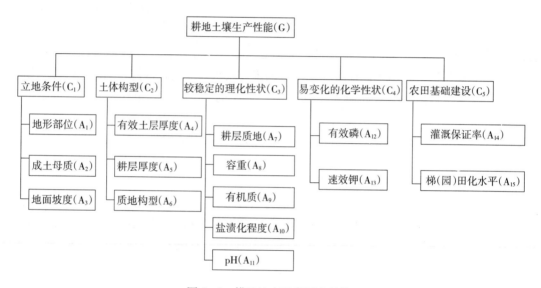

图 2-2 耕地地力要素层次结构

2. 耕地地力要素的隶属度

（1）概念性评价因子：各评价因子的隶属度及其描述见表 2-3。

表 2-3 交口县耕地地力评价概念性因子隶属度及其描述

地形部位	描述	河漫滩	一级阶地	二级阶地	高阶地	垣地	洪积扇（上、中、下）			倾斜平原	梁地	峁地	坡麓	沟谷
	隶属度	0.7	1.0	0.9	0.7	0.4	0.4	0.6	0.8	0.8	0.2	0.2	0.1	0.6
母质类型	描述	洪积物		河流冲积物		黄土状况积物		残积物		保德红土		马兰黄土		离石黄土	
	隶属度	0.7		0.9		1.0		0.2		0.3		0.5		0.6	
质地构型	描述	通体壤	黏夹沙	底沙	壤夹黏	壤夹沙	沙夹黏	通体黏	夹砾	底砾	少砾	多砾	少姜	浅姜	多姜	通体沙	浅钙积	夹白干	底白干
	隶属度	1.0	0.6	0.7	1.0	0.9	0.3	0.6	0.4	0.7	0.8	0.2	0.8	0.4	0.2	0.3	0.4	0.4	0.7
耕层质地	描述	沙土		沙壤		轻壤		中壤		重壤		黏土			
	隶属度	0.2		0.6		0.8		1.0		0.8		0.4			
梯（园）田化水平	描述	地面平坦园田化水平高		地面基本平坦园田化水平较高		高水平梯田		缓坡梯田熟化程度5年以上		新修梯田		坡耕地			
	隶属度	1.0		0.8		0.6		0.4		0.2		0.1			

（2）数值型评价因子：各评价因子的隶属函数（经验公式）见表 2-4。

表 2-4 交口县耕地地力评价数值型因子隶属函数

函数类型	评价因子	经验公式	C	U_t
戒下型	地面坡度（°）	$y = 1/[1 + 6.492 \times 10^{-3} \times (u-c)^2]$	3.0	$\geqslant 25$
戒上型	有效土层厚度（厘米）	$y = 1/[1 + 1.118 \times 10^{-4} \times (u-c)^2]$	160.0	$\leqslant 25$
戒上型	有机质（克/千克）	$y = 1/[1 + 2.912 \times 10^{-3} \times (u-c)^2]$	28.4	$\leqslant 5.00$
戒下型	pH	$y = 1/[1 + 0.515\,6 \times (u-c)^2]$	7.00	$\geqslant 9.50$
戒上型	有效磷（毫克/千克）	$y = 1/[1 + 3.035 \times 10^{-3} \times (u-c)^2]$	28.8	$\leqslant 5.00$
戒上型	速效钾（毫克/千克）	$y = 1/[1 + 5.389 \times 10^{-5} \times (u-c)^2]$	228.76	$\leqslant 50$

3. 耕地地力要素的组合权重 应用层次分析法所计算的各评价因子的组合权重见表 2-5。

表 2-5 交口县耕地地力评价因子层次分析结果

指标层	准则层					组合权重
	C_1	C_2	C_3	C_4	C_5	$\sum C_i A_i$
	0.379 9	0.076 8	0.138 9	0.132 8	0.271 6	1.000 0
A_1 地形部位	0.688 0					0.261 4
A_2 地面坡度	0.312 0					0.118 5
A_3 耕层厚度		1.000 0				0.076 8
A_4 耕层质地			0.468 0			0.065 0
A_5 有机质			0.272 3			0.037 8
A_6 pH			0.259 7			0.036 1
A_7 有效磷				0.698 1		0.092 7
A_8 速效钾				0.301 9		0.040 1
A_9 梯（园）田化水平					1.000 0	0.271 6

4. 耕地地力分级标准 交口县耕地地力分级标准见表 2-6。

表 2-6 交口县耕地地力等级标准

等 级	生产能力综合指数	面 积（亩）	占面积（%）
一	$\geqslant 0.769 < 0.848\,2$	25 551.40	6.46
二	$\geqslant 0.737 < 0.768\,9$	95 065.44	24.03
三	$\geqslant 0.655\,4 < 0.736\,9$	83 803.94	21.18
四	$\geqslant 0.537 < 0.649$	153 021.12	38.68
五	$\geqslant 0.469\,5 < 0.536\,9$	38 158.42	9.65

第六节 耕地资源信息管理系统建立

一、耕地资源信息管理系统的总体设计

总体目标

耕地资源信息管理系统以一个县行政区域内的耕地资源为管理对象，应用 GIS 技术对辖区内的地形、地貌、土壤、土地利用、农田水利、土壤污染、农业生产基本情况、基本农田保护区等资料进行统一管理，构建耕地资源基础信息系统。并将此数据平台与各类管理模型结合，对辖区内的耕地资源进行系统的动态管理，为农业决策者、农民和农业技术人员提供耕地质量动态变化、土壤适宜性、施肥咨询、作物营养诊断等多方位的信息服务。

本系统行政单元为村，农田单元为基本农田保护块，土壤单元为土种，系统基本管理单元为土壤、基本农田保护块、土地利用现状图叠加所形成的评价单元。

1. 系统结构 见图 2-3。

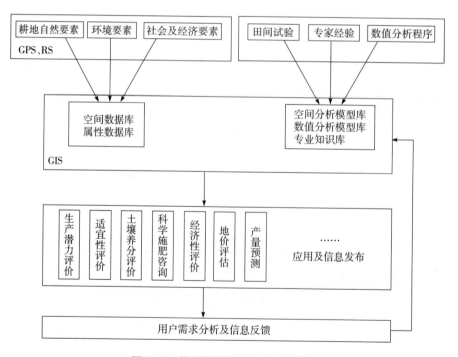

图 2-3 耕地资源信息管理系统结构

2. 县域耕地资源信息管理系统建立工作流程 见图 2-4。

3. CLRMIS 软、硬件配置

（1）硬件：P3/P4 及其兼容机，≥128 的内存，≥20G 的硬盘，≥32M 显存，A4 扫描仪，彩色喷墨打印机。

（2）软件：Windows 98/2000/XP，Excel 97/2000/XP 等。

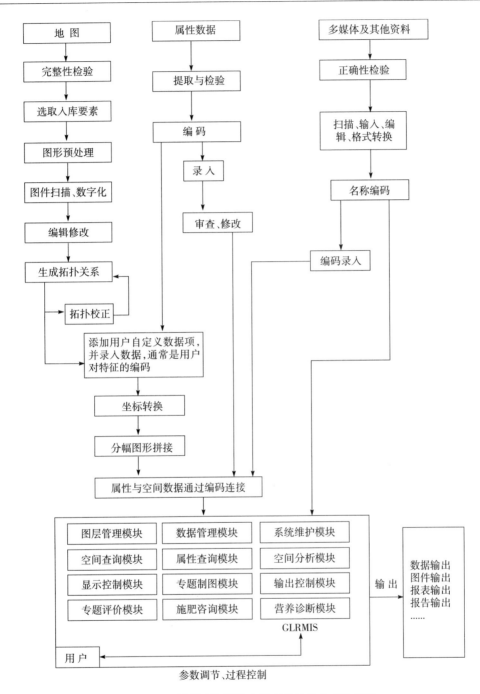

图 2-4　县域耕地资源信息管理系统建立工作流程

二、资料收集与整理

（一）图件资料收集与整理

图件资料指印刷的各类地图、专题图以及商品数字化矢量和栅格图。图件比例尺为

1∶50 000 和 1∶10 000。

（1）地形图：统一采用中国人民解放军总参谋部测绘局测绘的地形图。由于近年来公路、水系、地形地貌等变化较大，因此采用水利、公路、规划、国土等部门的有关最新图件资料对地形图进行修正。

（2）行政区划图：由于近年撤乡并镇等工作致使部分地区行政区划变化较大，因此按最新行政区划进行修正，同时注意名称、拼音、编码等的一致。

（3）土壤图及土壤养分图：采用第二次土壤普查成果图。

（4）基本农田保护区现状图：采用国土资源局（以下简称国土局）最新划定的基本农田保护区图。

（5）地貌类型分区图：根据地貌类型将辖区内农田分区，采用第二次土壤普查分类系统绘制成图。

（6）土地利用现状图：现有的土地利用现状图。

（7）主要污染源点位图：调查本地可能对水体、大气、土壤形成污染的矿区、工厂等，并确定污染类型及污染强度，在地形图上准确标明位置及编号。

（8）土壤肥力监测点点位图：在地形图上标明准确位置及编号。

（9）土壤普查土壤采样点点位图：在地形图上标明准确位置及编号。

（二）数据资料收集与整理

（1）基本农田保护区一级、二级地块登记表，国土局基本农田划定资料。

（2）其他有关基本农田保护区划定统计资料，国土局基本农田划定资料。

（3）近几年粮食单产、总产、种植面积统计资料（以村为单位）。

（4）其他农村及农业生产基本情况资料。

（5）历年土壤肥力监测点田间记载及化验结果资料。

（6）历年肥情点资料。

（7）县、乡、村名编码表。

（8）近几年土壤、植株化验资料（土壤普查、肥力普查等）。

（9）近几年主要粮食作物、主要品种产量构成资料。

（10）各乡历年化肥销售、使用情况。

（11）土壤志、土种志。

（12）特色农产品分布、数量资料。

（13）主要污染源调查情况统计表（地点、污染类型、方式、强度等）。

（14）当地农作物品种及特性资料，包括各个品种的全生育期，大田生产潜力，最佳播期、移栽期，播种量，栽插密度，百千克籽粒需氮量、需磷量、需钾量等，及品种特性介绍。

（15）一元、二元、三元肥料肥效试验资料，计算不同地区、不同土壤、不同作物品种的肥料效应函数。

（16）不同土壤、不同作物基础地力产量占常规产量比例资料。

（三）文本资料收集与整理

（1）全县及各乡（镇）基本情况描述。

（2）各土种性状描述，包括其发生、发育、分布、生产性能、障碍因素等。

（四）多媒体资料收集与整理

（1）土壤典型剖面照片。

（2）土壤肥力监测点景观照片。

（3）当地典型景观照片。

（4）特色农产品介绍（文字、图片）。

（5）地方介绍资料（图片、录像、文字、音乐）。

三、属性数据库建立

（一）属性数据内容

CLRMIS 主要属性资料及其来源见表 2-7。

表 2-7　CLRMIS 主要属性资料及其来源

编号	名　　称	来　　源
1	湖泊、面状河流属性表	水利局
2	堤坝、渠道、线状河流属性数据	水利局
3	交通道路属性数据	交通局
4	行政界线属性数据	农业局
5	耕地及蔬菜地灌溉水、回水分析结果数据	农业局
6	土地利用现状属性数据	国土局、卫星图片解译
7	土壤、植株样品分析化验结果数据表	本次调查资料
8	土壤名称编码表	土壤普查资料
9	土种属性数据表	土壤普查资料
10	基本农田保护块属性数据表	国土局
11	基本农田保护区基本情况数据表	国土局
12	地貌、气候属性表	土壤普查资料
13	县乡村名编码表	统计局

（二）属性数据分类与编码

数据的分类编码是对数据资料进行有效管理的重要依据。编码的主要目的是节省计算机内存空间便于用户理解使用。地理属性进入数据库之前进行编码是必要的，只有进行了正确编码的空间数据库才能实现与属性数据库的正确连接。编码格式有英文字母与数字组合。本系统主要采用数字表示的层次型分类编码体系，它能反映专题要素分类体系的基本特征。

（三）建立编码字典

数据字典是数据库应用设计的重要内容，是描述数据库中各类数据及其组合的数据集合，也称元数据。地理数据库的数据字典主要用于描述属性数据，它本身是一个特殊用途的文件，在数据库整个生命周期里都起着重要的作用。它避免重复数据项的出现，并提供了查询数据的唯一入口。

（四）数据库结构设计

属性数据库的建立与录入可独立于空间数据库和 GIS 系统，可以在 Access、dBase、Foxbase 和 Foxpro 下建立，最终统一以 dBase 的 dbf 格式保存入库。下面以 dBase 的 dbf 数据库为例进行描述。

1. 湖泊、面状河流属性数据库 lake. dbf

字段名	属性	数据类型	宽度	小数位	量纲
lacode	水系代码	N	4	0	代码
laname	水系名称	C	20		
lacontent	湖泊贮水量	N	8	0	万立方米
laflux	河流流量	N	6		立方米/秒

2. 堤坝、渠道、线状河流属性数据 stream. dbf

字段名	属性	数据类型	宽度	小数位	量纲
ricode	水系代码	N	4	0	代码
riname	水系名称	C	20		
riflux	河流、渠道流量	N	6		立方米/秒

3. 交通道路属性数据库 traffic. dbf

字段名	属性	数据类型	宽度	小数位	量纲
rocode	道路编码	N	4	0	代码
roname	道路名称	C	20		
rograde	道路等级	C	1		
rotype	道路类型	C	1		（黑色/水泥/石子/土地）

4. 行政界线（省、市、县、乡、村）**属性数据库 boundary. dbf**

字段名	属性	数据类型	宽度	小数位	量纲
adcode	界线编码	N	1	0	代码
adname	界线名称	C	4		

adcode	name
1	国界
2	省界
3	市界
4	县界
5	乡界
6	村界

5. 土地利用现状属性数据库 * landuse. dbf

* 土地利用现状分类表。

字段名	属性	数据类型	宽度	小数位	量纲
lucode	利用方式编码	N	2	0	代码

| luname | 利用方式名称 | C | 10 | | |

6. 土种属性数据表 * soil. dbf

* 土壤系统分类表。

字段名	属性	数据类型	宽度	小数位	量纲
sgcode	土种代码	N	4	0	代码
stname	土类名称	C	10		
ssname	亚类名称	C	20		
skname	土属名称	C	20		
sgname	土种名称	C	20		
pamaterial	成土母质	C	50		
profile	剖面构型	C	50		

土种典型剖面有关属性数据：

text	剖面照片文件名	C	40		
picture	图片文件名	C	50		
html	HTML 文件名	C	50		
video	录像文件名	C	40		

7. 土壤养分（pH、有机质、氮等）属性数据库 nutr**. dbf**

本部分由一系列的数据库组成，视实际情况不同有所差异，如在盐碱土地区还包括盐分含量及离子组成等。

（1）pH 库 nutrph. dbf：

字段名	属性	数据类型	宽度	小数位	量纲
code	分级编码	N	4	0	代码
number	pH	N	4	1	

（2）有机质库 nutrom. dbf：

字段名	属性	数据类型	宽度	小数位	量纲
code	分级编码	N	4	0	代码
number	有机质含量	N	5	2	百分含量

（3）全氮量库 nutrN. dbf：

字段名	属性	数据类型	宽度	小数位	量纲
code	分级编码	N	4	0	代码
number	全氮含量	N	5	3	百分含量

（4）速效养分库 nutrP. dbf：

字段名	属性	数据类型	宽度	小数位	量纲
code	分级编码	N	4	0	代码
number	速效养分含量	N	5	3	毫克/千克

8. 基本农田保护块属性数据库 farmland. dbf

字段名	属性	数据类型	宽度	小数位	量纲
plcode	保护块编码	N	7	0	代码

plarea	保护块面积	N	4	0	亩
cuarea	其中耕地面积	N	6		
eastto	东至	C	20		
westto	西至	C	20		
sorthto	南至	C	20		
northto	北至	C	20		
plperson	保护责任人	C	6		
plgrad	保护级别	N	1		

9. 地貌[*]、气候属性表 landform. dbf

[*] 地貌类型编码表。

字段名	属性	数据类型	宽度	小数位	量纲
landcode	地貌类型编码	N	2	0	代码
landname	地貌类型名称	C	10		
rain	降水量	C	6		

10. 基本农田保护区基本情况数据表（略）

11. 县、乡、村名编码表

字段名	属性	数据类型	宽度	小数位	量纲
vicodec	单位编码—县内	N	5	0	代码
vicoden	单位编码—统一	N	11		
viname	单位名称	C	20		
vinamee	名称拼音	C	30		

（五）数据录入与审核

数据录入前仔细审核，数值型资料注意量纲、上下限，地名应注意汉字多音字、繁简体、简全称等问题，审核定稿后再录入。录入后仔细检查，保证数据录入无误后，将数据库转为规定的格式（dBase 的 dbf 文件格式文件），再根据数据字典中的文件名编码命名后保存在规定的子目录下。

文字资料以 TXT 格式命名保存，声音、音乐以 WAV 或 MID 文件保存，超文本以 HTML 格式保存，图片以 BMP 或 JPG 格式保存，视频以 AVI 或 MPG 格式保存，动画以 GIF 格式保存。这些文件分别保存在相应的子目录下，其相对路径和文件名录入相应的属性数据库中。

四、空间数据库建立

（一）数据采集的工艺流程

在耕地资源数据库建设中，数据采集的精度直接关系到现状数据库本身的精度和今后的应用，数据采集的工艺流程是关系到耕地资源信息管理系统数据库质量的重要基础工作。因此对数据的采集制订了一个详尽的工艺流程。首先对收集的资料进行分类检查、整理与预处理。其次，按照图件资料介质的类型进行扫描，并对扫描图件进行扫描校正。再次，进行数据的分层矢量化采集、矢量化数据的检查。最后，对矢量化数据进行坐标投影转换与数据拼接工作以及数据、图形的综合检查和数据的分层与格式转换。

具体数据采集的工艺流程见图2-5。

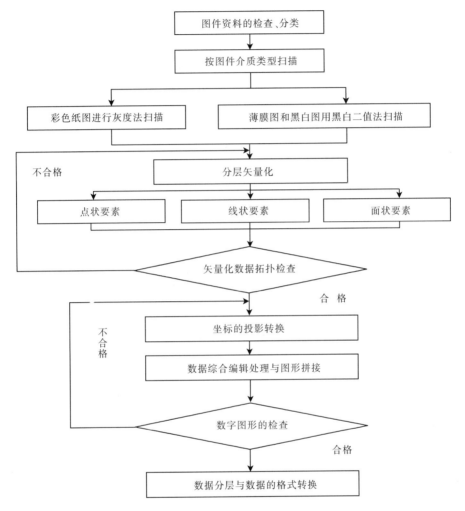

图2-5　数据采集的工艺流程

（二）图件数字化

1. 图件的扫描　由于所收集的图件资料为纸介质的图件资料，所以采用灰度法进行扫描。扫描的精度为300dpi。扫描完成后将文件保存为＊.TIF格式。在扫描过程中，为了保证扫描图件的清晰度和精度，对图件先进行预扫描。在预扫描过程中，检查扫描图件的清晰度，其清晰度必须能够区分图内的各要素，然后利用 Lontex Fss8300 扫描仪自带的 CAD image/scan 扫描软件进行角度校正，角度校正后必须保证图幅下方两个内图廓点的连线与水平线的角度误差小于0.2°。

2. 数据采集与分层矢量化　对图形的数字化采用交互式矢量化方法，确保图形矢量化的精度。在耕地资源信息管理系统数据库建设中需要采集的要素有点状要素、线状要素和面状要素。由于需采集的数据种类较多，所以必须对所采集的数据按不同类型进行分层采集。

（1）点状要素的采集：点状要素可以分为两种类型，一种是零星地类，另一种是注记点。零星地类包括一些有点位的点状零星地类和无点位的零星地类。对于有点位的零星地类，在数据的分层矢量化采集时，将点标记置于点状要素的几何中心点；对于无点位的零星地类在分层矢量化采集时，将点标记置于原始图件的定位点。农化点位、污染源点位等注记点的采集按照原始图件资料中的注记点，在矢量化过程中一一标注相应的位置。

（2）线状要素的采集：在耕地资源图件资料上的线状要素主要有带有宽度的线状地物界、地类界、行政界线、权属界线、土种界、等高线等，对于不同类型的线状要素，进行分层采集。线状地物主要是指道路、水系、沟渠等，有些线状地物在数据采集时考虑到由于其宽度较宽，如一些较大的河流、沟渠，它们在地图上可以按照图件资料的宽度比例表示；有些线状地物，如一些道路和水系，由于其宽度不能在图上表示，在采集其数据时，则按栅格图上线状地物的中轴线来确定其在图上的实际位置。对地类界、行政界、土种界和等高线数据的采集，保证其封闭性和连续性。线状要素按照其种类的不同分层采集、分层保存，以备数据分析时进行利用。

（3）面状要素的采集：面状要素要在线状要素采集后，通过建立拓扑关系形成区后进行，由于面状要素是由行政界线、权属界线、地类界线和一些带有宽度的线状地物界等结状要素所形成的一系列的闭合性区域，其主要包括行政区、权属区、土壤类型区等图斑。所以对于不同的面状要素，要采用不同的图层对其进行数据采集。考虑到实际情况，将面状要素分为行政区层、地类层、土壤层等图斑层。将分层采集的数据分层保存。

（三）矢量化数据的拓扑检查

由于在矢量化过程中不可避免地要出现一些问题，因此，在完成图形数据的分层矢量化以后，要进行下一步工作前，必须对分层矢量化的数据进行拓扑检查。拓扑检查中主要完成以下几方面的工作：

1. 消除在矢量化过程中存在的一些悬挂线段　在线状要素的采集过程中，为了保证线段完全闭合，某些线段可能出现相互交叉的情况，这些均属于悬挂线段。在进行悬挂线段的检查时，首先使用 MapGIS 的线文件拓扑检查功能，自动对其检查和清除，如果不能自动清除的，则对照原始图件资料进行手工修正。对线状要素进行矢量化数据检查完成以后，随即由作图员对矢量化数据与原始图件资料相对比进行检查，如果在检查过程中发现有一些通过拓扑检查不能解决的问题，或矢量化数据的精度不符合要求的，或者是某些线状要素存在着一定的位移而难以校正的，则对其中的线状要素进行重新矢量化。

2. 检查图斑和行政区等面状要素的闭合性　图斑和行政区是反映一个地区耕地资源状况的重要属性，在对图件资料中的面状要素进行数据的分层矢量化采集中，由于图件资料所涉及的图斑较多，有可能存在一些图斑或行政界的不闭合情况，可以利用 MapGIS 的区文件拓扑检查功能，对区文件进行矢量化数据的拓扑检查。拓扑检查过程可以消除大多数区文件的不闭合情况。对于不能自动消除的，通过与原始图件资料的相互检查，进一步消除其不闭合情况。如果通过对区文件的拓扑检查，可以消除矢量化过程中所出现的上述问题，则进行下一步工作，如果拓扑检查以后还存在一些问题，则对其进行重新矢量化，以确保系统建设的精度。

（四）坐标的投影转换与图件拼接

1. 坐标转换　在进行图件的分层矢量化采集过程中，所建立的是图面坐标系（单位是毫米），而在实际应用中，则要求建立平面直角坐标系（单位是米）。因此，必须利用 MapGIS 所提供的坐标转换功能，将图面坐标转换成为正投影的大地直角坐标系。在坐标转换过程中，为了保证数据的精度，可根据提供数据源的图件精度的不同，采用不同的质量控制方法进行坐标转换工作。

2. 投影转换　县级土地利用现状数据库的数据投影方式采用高斯投影，也就是将进行坐标转换以后的图形资料，按照大地坐标系的经纬度坐标进行转换，以便以后进行图件拼接。在进行投影转换时，对 1∶10 000 土地利用图件资料，投影的分带宽度为 3°。但是根据地形的复杂程度，行政区的跨度和图幅的具体情况，对于部分图形采用非标准的 3° 分带高斯投影。

3. 图件拼接　交口县提供的 1∶10 000 土地利用现状图是采用标准分幅图，在系统建设过程中应把图幅进行拼接。在图斑拼接检查过程中，相邻图幅间的同名要素误差应小于 1 毫米，这时移动其任何一个要素进行拼接，同名要素间距在 1～3 毫米的处理方法是将两个要素各自移动一半，在中间部分结合，这样图幅拼接就完全满足了精度要求。

五、空间数据库与属性数据库的连接

MapGIS 系统采用不同的数据模型分别对属性数据和空间数据进行存储管理，属性数据采用关系模型，空间数据采用网状模型。两种数据的连接非常重要。在一个图幅工作单元 Coverage 中，每个图形单元由一个标识码来唯一确定。同时一个 Coverage 中可以若干个关系数据库文件即要素属性表，用以完成对 Coverage 的地理要素的属性描述。图形单元标识码是要素属性表中的一个关键字段，空间数据与属性数据以此字段形成关联，完成对地图的模拟。这种关联使 MapGIS 的两种模型联成一体，可以方便地从空间数据检索属性数据或者从属性数据检索空间数据。对属性与空间数据的连接采用的方法是：在图件矢量化过程中，标记多边形标识点，建立多边形编码表，并运用 MapGIS 将用 Foxpro 建立的属性数据库自动连接到图形单元中，这种方法可由多人同时进行工作，速度较快。

第三章　耕地土壤属性

第一节　耕地土壤类型

一、土壤类型及分布

根据全国第二次土壤普查，1983 年山西省第二次土壤普查工作分类系统，交口县自然及耕种土壤共划分为两大土类，6 个亚类，22 个土属，36 个土种。本次地力评价则将耕种土壤划分为三大土类，7 个亚类，12 个土属，16 个土种。其分布受地形、地貌、水文、地质条件影响，随地形呈明显变化。具体分布见表 3-1。

表 3-1　交口县土壤分布状况

土类	面积（亩）	亚类面积（亩）	分　布
褐土	360 676.52	淋溶褐土（2 653.35）	主要分布于石口乡的岭后、龙神殿、丁家垣村和水头镇的广武庄、交口林场第 1 地段和交口林场第 2 地段
		栗褐土（24 519.88）	主要分布于石口乡的龙神殿、岭后、丁家垣、石口、桥上、山神峪、交口林场第 4 地段和交口林场第 5 地段
		淡栗褐土（3 284.75）	主要分布于石口乡的龙神殿、岭后、丁家垣、石口、桥上、山神峪和交口林场 5 地段
		褐土性土（330 218.54）	分布于全县的各个乡（镇）
粗骨土	30 911.63	中性粗骨土（13 658.40）	主要分布于双池、回龙、桃红坡和石口乡的东南部的部分村庄
		钙质粗骨土（17 253.23）	主要分布于双池镇、回龙乡的大部分村庄和康城镇的南故乡村
红黏土	4 012.17	红黏土（4 012.17）	主要分布在石口乡的孔家庄、陈家峪、张家川、蒲依、龙神殿、康城镇的炭腰吉、中村，桃红坡的红焰、冯家巷、大麦郊、西宋庄和水头镇的腰庄，回龙乡的均庄村

注：1. 表中分类是按本次耕地评价面积分类系统分类。

2. 土壤类型特征及主要生产性能叙述中的分类是按照 1983 年标准分类，土类、亚类、土属、土种后面括号中即是 1983 年标准分类。

3. 本部分除注明数据为此次调查测定外，其余数据文字内容均为第二次土壤普查的资料数据。

山西省、吕梁市土壤分类（土种）归属情况见表 3-2。

表 3-2　山西省、吕梁市土壤分类（土种）归属情况

山西省		吕梁市			
名称（土种）	代码	名称（土种）	土属	亚类	土类
薄灰渣土	085	薄层沙质壤土石灰岩质粗骨土	石灰岩质粗骨土	粗骨土	粗骨土
薄立黄土	031	薄层沙质壤土黄土质褐土性土	黄土质褐土性土	褐土性土	褐土

（续）

山西省		吕梁市			
名称（土种）	代码	名称（土种）	土属	亚类	土类
薄沙渣土	086	薄层沙质壤土砂页岩质粗骨土	砂页岩质粗骨土	粗骨土	粗骨土
底砾洪立黄土	042	耕种沙质壤土深位沙砾石层洪积褐土性土	洪积褐土性土	褐土性土	褐土
二合洪淡栗黄土	071	耕种沙质黏壤土洪积淡栗褐土	沟淤淡栗褐土	淡栗褐土	栗褐土
耕二合红立黄土	035	耕种黏壤土红黄土质褐土性土	红黄土质褐土性土	褐土性土	褐土
耕黑立黄土	036	耕种沙质壤土黑垆土质褐土性土	黑垆土质褐土性土	褐土性土	褐土
耕洪立黄土	040	耕种沙质壤土洪积褐土性土	洪积褐土性土	褐土性土	褐土
耕立黄土	033	耕种沙质壤土黄土质褐土性土	黄土质褐土性土	褐土性土	褐土
耕栗黄土	76 77	耕种沙质黏壤土深位弱黏化层黄土质栗褐土、耕种沙质壤土黄土状栗褐土	黄土质栗褐土	栗褐土	栗褐土
耕小瓣红土	091	耕种沙质壤土冲洪积脱潮土	红土质红黏土	红黏土	红黏土
沟淤土	038	耕种沙质壤土沟淤褐土性土	沟淤褐土性土	褐土性土	褐土
黑淡栗黄土	064	耕种沙质壤土黑垆土质淡栗褐土	黑垆土质淡栗褐土	淡栗褐土	栗褐土
黄淋土	023	中厚层沙质壤土黄土质淋溶褐土	黄土质淋溶褐土	淋溶褐土	褐土
立黄土	032	沙质壤土黄土质褐土性土	黄土质褐土性土	褐土性土	褐土
栗黄土	075	耕种沙质壤土浅位弱黏化黄土质栗褐土	黄土质栗褐土	栗褐土	栗褐土

二、土壤类型特征及主要生产性能

（一）褐土

褐土是交口县面积最大的一个地带性土壤类型，也是重要的农业土壤。分布遍及全县，为交口县主要土壤，面积为 360 676.52 亩，占总耕地面积的 91.17%。由于全县属暖温半干旱的季风气候带，夏季短、温度高又多雨，冬季长、寒冷又干燥。植被多呈旱生型，如：醋柳、黄刺玫、胡枝子、荆条等。交口县褐土是在暖温带半干旱大陆性季风气候和森林草原灌丛植被条件下发育形成的土壤类型。该土壤多发育于黄土和冲洪积母质上，但在侵蚀较为严重的地区也发育于黄土、红土、黑垆土及坡积母质上，土石山区则有砂页岩、石灰岩等岩性母质。其形成过程不受地下水影响。

褐土一般均具有不同程度的石灰反应，盐基饱和。全剖面呈微碱性反应（pH 为 7.78~8.6）。其主要特征是：土层深厚，土质均匀，灰棕色—灰褐色，由于土体中有一定的淋溶淀积作用，心土或底土层的水热条件比较稳定，故在心土或底土层有一层为 5~30 厘米棕—褐色黏化层，同层或以下，有一层厚度不等的钙积层，其碳酸钙含量较高，低者达 1%~6%，大部分为 8%~16%，高者达 47.3%。同时还有一定的石灰结核。耕地土壤，由于耕层经淋溶后，虽尚呈强石灰反应，但无石灰斑纹的聚积，而在 30 厘米以下的亚表土心土层，常有假菌丝状斑纹淀积，说明有碳酸钙的淋移淀积现象。

褐土是交口县的主要农业土壤，若干年来，大部分虽然保留着褐土应有的特征，但和原来的褐土也有所不同了，因为人类的频繁活动也直接影响其成土方向。然而，这些并不意味着其自然土壤特征完全消失。相反，在褐土（农业土壤）中，还保留着深刻的自然烙印。褐土的主要特征是从自然因素与人为因素综合作用考虑的。

由于生物、地形部位和小气候及人为利用的不同，使其内部产生了差异，根据这些差异和附加的成土过程及土类之间的过渡，把褐土分为：淋溶褐土，栗褐土，淡栗褐土、褐土性土 4 个亚类，现分述如下：

1. 淋溶褐土

（1）地理分布：交口县淋溶褐土，主要分布于石口乡的岭后、龙神殿、丁家垣村和水头镇的广武庄、交口林场第 1、第 2 地段。海拔在 1 650～2 054 米的土石山区，一般阴坡出现较低（1 600 米左右），阳坡出现较高（1 650～1 700 米处）。另外，植被覆盖率高的地区，淋溶线出现就低，如川口在海拔 1 500 米处，就出现了淋溶褐土，而石口淋溶线则出现在海拔 1 750 米以上。

淋溶褐土所处地势较高，气温较低，降水较多，植被较好。平均气温在 3～5℃，年平均降水量 700～800 毫米，无霜期 80～90 天，生长自然植被有山杨、桦、椴、山桃、山杏、醋柳、黄刺玫等乔灌木，以落叶林为主，覆盖率在 70% 以上，目前全属自然土壤。

由于植被覆盖好，降水点滴入土，淋溶作用较强，使土体中的碳酸钙、黏粒被淋溶下移到底部，碳酸钙淋溶较为彻底，全剖面基本无石灰反应。然而，降水多、气温低，土壤常处于湿润条件，好气性微生物活动受阻，有机质的积累大于分解。因而，除地表有 1～5 毫米的枯枝落叶层外，之下还有 10～20 厘米厚的腐殖质层，有机质含量在 6% 以上。

（2）形成与特征：淋溶褐土土层浅薄，均为未开垦种植的自然土壤。植被较好，且种类繁多，有油松、山杨及荆条、五味子、白草、苔藓、地衣等，覆盖率阴坡达 80% 以上，阳坡达 70%～80%，大多数为次生针叶林及针阔混交林和旱生草灌植物。

该土的特征是：具有比较明显的淋溶层，土层中碳酸钙含量较低，pH 为 7.5～7.7。但由于土层较薄，黏化层不甚明显。同时，植被覆盖度大，土壤经常保持湿润，表层具有 2～5 厘米厚的枯枝落叶层，其下为 10 厘米厚的腐殖质层，颜色发灰，疏松，无石灰反应。有机质含量可达 9.627%，有稳定的团粒结构，其下为心土层，厚 40 厘米左右，质地轻壤—沙壤，土体疏松湿润，有较多的植物根系，无石灰反应。

据此次调查测定，有机质为 15.72 克/千克，全氮为 0.68 克/千克，有效磷为 9.67 毫克/千克，速效钾为 126.46 毫克/千克，缓效钾为 874.49 毫克/千克，有效硫为 33.21 毫克/千克，有效铜为 1.67 毫克/千克，有效锌为 1.54 毫克/千克，有效锰为 11.12 毫克/千克，有效铁为 7.52 毫克/千克，有效硼为 0.40 毫克/千克。

（3）主要类型：本亚类分为黄土质淋溶褐土 1 个土属。现论述如下：

黄土质淋溶褐土，分布面积 2 653.35 亩，占耕地面积的 0.67%。主要分布在水头镇，海拔 2 010 米的山顶部，是交口县山区最高的一部分，自然植被有桦树、椴树等。成土母质马兰黄土。

典型剖面描述如下：

剖面地点：水头镇化圪垛村窟窿洞阳坡北偏东 41°，距 2 054 高程点 400 米处的山坡上，海拔 2 010 米，母质为马兰黄土。

0～5 厘米：为枯枝落叶层。

5~13厘米：灰褐色腐殖质层，质地轻壤，团粒结构是疏松多孔，土体潮湿，植物根系多，无石灰反应。

13~41厘米：棕褐色，轻壤，屑粒结构，土体稍紧，多量空隙，土体湿润，植物根系多，无石灰反应。

41~69厘米：棕褐色，轻壤块状结构，土体较紧，中量空隙，土壤湿润，少根系，无石灰反应。

69厘米以下：为基岩。

全剖面无石灰反应。黄土质淋溶褐土剖面理化性状见表3-3。

表3-3　黄土质淋溶褐土的理化性状

深度 （厘米）	有机质 （克/千克）	全氮 （克/千克）	全磷 （克/千克）	pH	代换量 （me/百克土）	机械组成（%）	
						>0.01毫米	<0.001毫米
5~13	7.32	0.499	9.60	7.5	24.36	28.8	1.2
13~41	6.82	0.493	10.10	7.5	24.31	47.8	0.8
41~69	7.27	0.534	11.60	7.7	26.60	43.6	1.6

2. 栗褐土

（1）地理分布：栗褐土是垂直带的基带土壤类型，主要分布于石口乡的龙神殿、岭后、丁家垣、石口、桥上、山神峪和交口林场第4、第5地段．海拔1 100米以上的低、中山地带，分布最高海拔达1 750米，与淋溶褐土接壤，交口县栗褐土亚类主要有黄土质栗褐土1个土属。面积24 519.88亩，占褐土总面积的6.80%。

（2）形成及特征：交口县黄土质栗褐土由于受生物气候、地型母质的影响，其形态特征如下：有不同程度的腐殖化、黏化、钙化现象，心土层中有菌丝状、点粒状碳酸钙淀积和黏粒淀积，全剖面呈石灰反应。自然土壤有极薄的枯枝落叶层和薄层腐殖殖层，表层有机质含量在20%以上。耕种土壤有机质含量也较高，在1%左右。

根据母质类型、土地利用现状等因素，本亚类可分为黄土质栗褐土1个土属。面积24 519.88亩，耕种土壤2个土种，是交口县重要的农业土壤。

典型剖面采样在城关镇赵村鞍背山地梁上，海拔1 480米，自然被有醋柳、黄刺玫、铁秆蒿等。

0~2厘米：为枯枝落叶层。

2~10厘米：为棕褐色的弱腐殖质层，质地轻壤，团粒结构，土体疏松多孔，植物根系多。

10~42厘米：颜色灰棕色，质地轻壤，碎块状结构，土体较松，植物根系多。

42~68厘米：灰棕色，质地轻壤，块状结构，土体紧实，少植物根系，并有点状碳酸钙淀积。

68~100厘米：浅灰棕色，轻壤，块状，土体紧实，有大量点状碳酸钙淀积。

100~150厘米：浅灰棕色，轻壤，块状，土体紧实，有大量点状碳酸钙淀积。

全剖面石灰反应强烈，典型剖面的化学性状见表3-3。

根据本土属2个土种的野外剖面观察记载及2个剖面的理化分析，黄土质山地褐土的形态特征如下：

①表层有2~4厘米的枯枝落叶层，之下有4~8厘米的腐殖质层，有机质含量在3%以上。

②表层为屑粒状或团粒结构，以下多为块状结构。

③在剖面的心土层中，有点状和菌丝状的碳酸钙淀积，同时，也有较明显的移动淀积现象。全剖面石灰显的黏粒反应较强。

3. 淡栗褐土 淡栗褐土以极小的面积分布在石口乡的山脚边缘，面积3 284.75亩，占褐土面积的0.91%。该土属只划分为轻壤耕种黑垆土质山地灰褐土1个土种。

典型剖面采自石口乡龙神殿村，海拔1 430米的山脚下，自然植被有黄刺玫、荆条等，土壤容重为1.32克/立方厘米。

0~22厘米：颜色灰褐棕，质地轻壤，结构屑粒，土体疏松，石灰反应中度。

22~54厘米：颜色浅棕褐，质地轻壤，结构碎块，土体紧实，有中量假菌丝体，石灰反应较弱。

54~87厘米：颜色浅棕褐，质地中壤，结构块状，土体紧实，有少量假菌丝体，无石灰反应。

87~125厘米：颜色浅灰褐，质地中壤，结构块状，土体紧实，无石灰反应。

125~150厘米：颜色浅灰褐，质地中壤，结构块状，土体紧实，无石灰反应。

淡栗褐土典型剖面理化性状见表3-4。

表3-4 淡栗褐土理化性状

深度 （厘米）	有机质 （克/千克）	全氮 （克/千克）	全磷 （克/千克）	pH	碳酸钙 （%）	代换量 （me/百克土）	机械组成（%）	
							>0.01毫米	<0.001毫米
0~22	17.1	1.14	6.7	8.0	2.07	12.39	43.6	11.0
22~54	18.0	1.00	5.7	8.0	0.04	17.31	36.8	11.0
54~87	13.3	0.86	6.2	8.1	0	13.79	38.4	13.0
87~125	11.1	0.68	5.9	8.1	0	12.83	43.6	13.0
125~150	9.6	0.61	6.2	8.1	0	11.84	38.8	13.0

4. 褐土性土 褐土性土在交口县各乡（镇）均有不同程度的分布，面积为330 218.54亩，占褐土面积的91.56%，成土母质为第四纪马兰黄土。根据划分土种的依据，可分为耕种黄土质褐土性土、耕种红黄土质褐土性土、耕种红土质山地褐土、耕种坡积山地褐土、耕种黑垆土质山地褐土、耕种洪积山地褐土、耕种沟淤山地褐土、黄土质褐土性土、耕种洪积褐土性土和耕种沟淤褐土性土10个土属。

褐土性土理化性状见表3-5。

表3-5 褐土性土理化性状

深度 （厘米）	有机质 （克/千克）	全氮 （克/千克）	全磷 （克/千克）	pH	碳酸钙 （%）	代换量 （me/百克土）	机械组成（%）	
							>0.01毫米	<0.001毫米
2~10	310	27.3	5.5	7.8	8.1	15.94	36.4	3.2
10~42	137	12.0	5.1	8.1	11.46	12.98	43.6	5.2
42~68	90	7.0	4.7	8.05	13.29	10.97	50.4	7.6
68~100	65	5.4	4.5	8.05	13.72	10.68	52.4	8.0
100~150	72	6.2	4.6	8.05	13.8	10.58	49.6	6.4

（1）耕种黄土质褐土性土：耕种黄土质褐土性土分布于交口县的各乡（镇），面积为185 608.54亩，占褐土性土56.20%。

典型剖面采自温泉乡花寨村柴家庄石头崖，海拔为1 295米的山坡地上。自然植被有黄刺玫，铁秆蒿等，土壤容重1.13克/立方厘米。

0～20厘米：灰棕色，质地轻壤，屑粒状结构，疏松多孔，植物根系多。

20～40厘米：浅灰棕色，质地轻壤偏中，块状结构，土体紧实，植物根系多。

40～70厘米：浅灰棕色，质地轻壤，块状结构，土体紧实，有中量菌丝状碳酸钙淀积。

70～105厘米：浅灰棕色，质地轻壤，块状结构，土体紧实，有中量菌丝状碳酸钙淀积。

105～150厘米：浅灰棕色，质地轻壤，块状结构，土体紧实，有中量菌丝状碳酸钙淀积。

全剖面石灰反应较强，理性性状见表3-6。

表3-6　耕种黄土质褐土性土理化性状

深度（厘米）	有机质（克/千克）	全氮（克/千克）	全磷（克/千克）	pH	碳酸钙（%）	代换量（me/百克土）	机械组成（%）	
							>0.01毫米	<0.001毫米
0～20	66	6.6	5.6	8.15	13.15	9.12	44.8	8.4
20～40	53	2.8	5.5	8	12.50	9	43.2	12.4
40～70	40	3.8	5.7	8.2	12.60	7.82	41.2	8
70～105	28	2.9	5.6	8.15	15.11	7	42.8	9.2
105～150	28	2.8	5.5	8.2	13.61	6.33	51.2	8

耕种黄土质褐土性土的形态特征如下：

①土层深厚，质地适中，疏松易耕，在人类长期的生产活动下形成了15～20厘米厚的耕作熟化层。

②在心土层或低土层中可见到碳酸钙、黏粒的弱淀积现象。

③土壤养分含量较低，以有机质含量比较，在本亚类耕作土属中属偏低的。

（2）耕种红黄土质褐土性土：耕种红黄土质褐土性土零星分布在坛索、川口、康城、温泉及回龙乡等乡（镇）村侵蚀较为严重的山地坡上及沟壑中，面积为28 620亩，占褐土性土的8.67%。本土属是经水土流失黄土被剥蚀后，出露了的第四纪早期覆盖物红黄土母质上发育形成的土壤。质地中壤，结构块状，有的含有少量砂姜，养分含量也不高。划分为2个土种：

中壤耕种红黄土质山地褐土，面积为27 860亩，占本土属的97.34%。

中壤少砂姜耕种红黄土质山地褐土，面积为760亩，占本土属的2.66%。土壤含砂姜5%～8%。

现以中壤砂姜耕种红黄土质山地褐土土种为例，叙述土壤的形态特征。

典型剖面采自温泉乡阎家山村北寨则海拔1 282米的山地坡上。自然植被有黄刺玫、丁香、荆条等，土壤容重为1.18克/立方厘米。

0～23厘米：颜色灰棕，质地中壤，屑粒结构，微疏松，植物根系多，有极少量砂姜。

23～44厘米：灰棕色，质地中壤，结构块状，土体较紧，含有5%的核块状砂姜。

44～70厘米：颜色浅红棕，质地中壤，结构块状，土体紧实，含有6%的砂姜，植物根系少。

70～110厘米：颜色深红棕，质地中壤，结构块状，含有5%的砂姜，土体坚硬。

110～150厘米：颜色深红棕，质地中壤，结构块状，砂姜含量稍多，土体坚硬。

全剖面石灰反应较强，耕种红黄土质山地褐土理化性状见表3-7。

表3-7 耕种红黄土质褐土性土理化性状

深度 （厘米）	有机质 （克/千克）	全氮 （克/千克）	全磷 （克/千克）	pH	碳酸钙 （%）	代换量 （me/百克土）	机械组成（%）	
							>0.01毫米	<0.001毫米
0～23	81	7.5	4.9	8.1	4.31	15.7	43.6	13.8
23～44	35	3.5	4.6	8.3	10.59	10.29	40.0	13.0
44～70	31	2.9	4.1	8.3	11.00	13.56	58.0	16.2
70～110	3.2	3.1	3.6	8.2	9.13	16.86	42.0	12.6
110～150	17	1.7	3.2	8.25	7.59	14.26	45.6	13.0

（3）耕种红土质山地褐土：耕种红土质山地褐土，以极小的面积零星分布于川口、康城等乡镇侵蚀极为严重的山地陡坡及沟壑中，面积为3 420亩，占褐土性土的1.04%。该土层成土母质为第三纪的静乐、保德红土。形成土壤的特点是：土质黏重，耕性极差，结构不良，养分含量低，一般捉苗困难，产量不高且不稳，土壤呈中性反应。保水保肥性能强，养分释放缓，故有发老苗不发小苗之说。可划分为2个土种：

①中壤耕种红土质山地褐土。面积为2 550亩，占本土属的74.56%。

②重壤耕种红土质山地褐土：面积为870亩，占本土属的25.44%。

现以重壤耕种红土质山地褐土土种为例描述如下：

典型剖面采自石口乡蒲依村红条里海拔为1 370米的山地边缘，自然植被有醋柳、黄刺玫等，土壤容重为1.19克/立方厘米。

0～25厘米：颜色浅红棕，质地重壤，屑粒结构，土体较疏松，石灰反应极微。

25～50厘米：颜色红棕，质地重壤，结构块状，土体紧实，有少量铁锰结核，没有石灰反应。

50～75厘米：颜色红棕，质地重壤，结构块状，土体紧实，有大量铁锰结核，没有石灰反应，植物根系极少。

75～150厘米：颜色红棕，质地重壤，结构块状，土体坚硬，有大量铁锰结核，没有石灰反应。

耕种红土质山地褐土剖面理化性状见表3-8。

表3-8 耕种红土质山地褐土理化性状

深度 （厘米）	有机质 （克/千克）	全氮 （克/千克）	全磷 （克/千克）	pH	碳酸钙 （%）	代换量 （me/百克土）	机械组成（%）	
							>0.01毫米	<0.001毫米
0～25	6.7	0.65	5.4	8.0	1.76	25.53	16.8	17.6
25～50	1.8	0.18	4.3	8.0	—	29.01	12.8	24.4
50～75	1.8	0.19	6.8	8.0	—	27.08	17.6	17.6

（4）耕种坡积山地褐土：耕种坡积山地褐土仅在温泉、川口量乡以及小面积分布于山沟边沿，面积为 1 260 亩，占褐土性土的 0.38%。本土属是在由重力作用发生塌崖、崩陷近距离移动后的黄土、红黄土等坡积母质上发育形成的。其特点是：土层深厚，混杂堆积，上下层次无明显差异，养分含量也不高。只划分轻壤耕种坡积山地褐土 1 个土种。

典型剖面采自温泉乡常家山村寺底新庄沟的山地坡上，海拔为 1 260 米。生长自然植被有黄刺玫、铁秆蒿、丁香等。土壤容重为 1.19 克／立方厘米。

0～24 厘米：颜色灰棕，质地轻壤，结构屑粒，土体疏松，植物根系多。

24～56 厘米：颜色褐灰棕，质地中壤，结构块状，土体紧实，植物根系中量。

56～86 厘米：颜色浅灰棕，质地中壤，结构块状，土体紧实，植物根系较少。

86～110 厘米：颜色褐灰棕，质地轻壤，结构块状，土体紧实，植物根系极少。

110 厘米以下：为卵砾石层。

耕种坡积山地褐土全剖面石灰反应较强，理化性状见表 3－9。

表 3－9　耕种坡积山地褐土化学性状

深度（厘米）	有机质（克/千克）	全氮（克/千克）	全磷（克/千克）	pH	碳酸钙（%）	代换量（me/百克土）	机械组成（%）	
							>0.01 毫米	<0.001 毫米
0～24	8.1	0.85	5.3	8.0	6.73	9.51	46.0	12.2
24～56	5.5	0.54	5.1	8.2	7.62	10.60	46.4	12.6
56～86	4.7	0.47	5.0	8.2	7.33	10.00	47.6	14.2
86～110	2.6	0.26	4.6	8.15	4.14	7.60	34.8	9.0

（5）耕种黑垆土质山地褐土：耕种黑垆土质山地褐土以极小的面积分布于川口、石口两乡的山脚或山沟边缘地带，面积为 900 亩，占褐土性土的 0.27%。

黑垆土是很早以前山地的枯枝落叶及腐殖质被山洪冲刷移动聚集在低洼处及沟底，然后又被黄土所覆盖的一种古土壤。后来因水土流失沟底下切，使古土壤黑垆土出露地表，该类土壤质地适中，多为中壤至轻壤，养分含量较高，保水保肥能力较强，是一种潜在生产力较大的土壤类型，可划分轻壤耕种黑垆土质山地褐土 1 个土种。现以典型剖面描述如下：

典型剖面采自川口乡郭家岭村活驼洼山脚坡，海拔为 1 360 米，侵蚀中度，自然植被有黄刺玫、二色胡枝子，荆条等，土壤容重为 1.09 克/立方厘米。

0～19 厘米：颜色浅灰棕，质地轻壤，屑粒结构，土体疏松，植物根系多。

19～64 厘米：颜色褐棕，质地轻壤，结构块状，土体紧实，有少量点状碳酸钙淀积，植物根系中量。

64～110 厘米：颜色褐棕，质地轻壤，结构块状，土体紧实，植物根系少。

110～150 厘米：颜色灰棕，质地轻壤，结构块状，土体紧实，有少量点状碳酸钙淀积，植物根系极少。

全剖面石灰反应较强。典型剖面理化性状见表 3－10。

表 3-10　耕种黑垆土质山地褐土理化性状

深度（厘米）	有机质（克/千克）	全氮（克/千克）	全磷（克/千克）	pH	碳酸钙（%）	代换量（me/百克土）	机械组成（%）	
							>0.01 毫米	<0.001 毫米
0～19	8.1	0.71	6.2	8.2	8.25	9.51	51.2	13.6
19～64	8.8	0.56	5.8	8.2	4.51	13.58	46.4	17.1
64～110	5.5	0.40	6.0	8.3	8.77	10.31	47.6	16.0
110～150	2.6	0.60	6.0	8.3	12.58	8.14	51.2	15.0

（6）耕种洪积山地褐土：耕种洪积山地褐土为交口县重要的农业土壤，主要分布在城关、温泉、桃红坡等乡（镇）的山地河谷河床两侧，地形较平，侵蚀轻微，多以条带状分布。成土母质为季节性山洪暴发冲洪积物，组成物质以黄土为主，面积 15 170 亩，占褐土性土的 4.59%。根据土体厚度可划分为 2 个土种：

①轻壤耕种洪积山地褐土。面积 8 060 亩，占本土属的 53.13%。土层较厚，在 120 厘米以上。

②轻壤深位厚沙砾石层耕种洪积山地褐土。面积 7 110 亩，占本土属的 46.87%。土层厚度在 80 厘米以上，之下为沙砾石层。

现以轻壤深位厚沙砾石层耕种洪积山地褐土土种剖面描述如下：

典型剖面采自桃红坡镇西交则村沟谷坪地上，海拔 1 245 米，自然植被有椴树、黄刺玫等，土壤容重为 1.18 克/立方厘米。

0～15 厘米：颜色褐灰棕，质地轻壤，结构屑粒，土体疏松，植物根系多。

15～36 厘米：颜色褐灰棕，质地轻壤，结构碎块状，土体稍紧，植物根系多。

36～76 厘米：颜色褐灰棕，质地轻壤，结构块状，土体紧实，有多量菌丝状碳酸钙淀积，植物根系中量。

76～98 厘米：颜色褐灰棕，质地轻壤，结构块状，土体紧实，有多量菌丝状碳酸钙淀积，植物根系少。

98～130 厘米：颜色浅灰棕，质地轻壤，结构块状，土体紧实，有少量菌丝状碳酸钙淀积，植物根系极少。

130 厘米以下：为沙砾石层。

全剖面有石灰反应，轻壤深位厚沙砾石层耕种洪积山地褐土理化性状见表 3-11。

表 3-11　轻壤深位厚沙砾石层耕种洪积山地褐土理化性状

深度（厘米）	有机质（克/千克）	全氮（克/千克）	全磷（克/千克）	pH	碳酸钙（%）	代换量（me/百克土）	机械组成（%）	
							>0.01 毫米	<0.001 毫米
0～15	9.8	0.90	5.3	8.2	6.64	9.76	49.6	8.4
15～36	9.5	0.78	5.6	8.1	6.57	9.28	47.6	8.0
36～76	5.9	0.56	4.8	8.5	6.28	9.02	49.6	10.0
78～98	5.9	0.56	4.9	8.2	5.33	9.26	48.4	6.4
98～130	4.6	0.47	4.6	8.2	3.58	8.74	49.6	10.0

耕种洪积山地褐土的形态特征如下：

①层较厚，多在 80 厘米以上，之下是沙砾石层，质地适中，多为轻壤至中壤。

②养分含量较高，多数有机质含量在 1％ 以上，在本亚类耕种土壤中，有机质含量居首。

③土壤发育较差，除底部沙砾石层外，其余层次差异不大。

（7）耕种沟淤山地褐土：耕种沟淤山地褐土分布在川口、温泉 2 个乡的山地沟谷中，属闸沟打坝淤积的一种土壤，面积为 1 040 亩，占褐土性土的 0.32％。成土母质多为河流上游山坡表层黄土，因而土壤养分含量较高，有机质含量多在 1％ 以上，土层深厚，水分状况较好，是产量较高的农业土壤。本土属只划分轻壤耕种沟淤山地褐土 1 个土种。典型剖面描述如下：

典型剖面采自温泉乡石岭后村山神庙沟坝地上，海拔为 1 285 米，自然植被有黄刺玫、铁秆蒿等，土壤容重为 1.08 克 / 立方厘米。

0～30 厘米：颜色灰棕，质地中壤，结构屑粒，土体疏松，植物根系多。

30～59 厘米：颜色浅灰棕，质地轻壤，结构块状，土体紧实，植物根系中量。

59～90 厘米：颜色浅灰棕，质地轻壤，结构碎块状，土体较松，植物根系少。

90～120 厘米：颜色浅灰棕，质地轻壤，结构块状，土体紧实，植物根系极少。

120～150 厘米：颜色褐灰棕，质地轻壤，结构块状，土体紧实，无植物根系。

全剖面石灰反应较强，耕种沟淤山地褐土理化性状见表 3 - 12。

表 3 - 12　耕种沟淤山地褐土理化性状

深度 （厘米）	有机质 （克/千克）	全氮 （克/千克）	全磷 （克/千克）	pH	碳酸钙 （％）	代换量 （me/百克土）	机械组成（％）	
							>0.01 毫米	<0.001 毫米
0～30	10.7	0.95	6.0	8.1	8.81	7.62	48.2	3.6
30～59	4.9	0.49	5.3	8.2	9.44	6.55	51.6	8.0
59～90	5.8	0.49	5.1	8.2	9.18	7.61	51.2	6.8
90～120	6.4	0.64	5.8	8.2	8.95	8.20	49.8	7.2
120～150	7.3	0.76	6.0	8.2	5.99	9.89	48.4	7.6

（8）黄土质褐土性土：黄土质褐土性土为自然土壤，除石口、城关、川口等乡（镇）外，其余乡（镇）均有分布。面积为 78 070 亩，占褐土性土面积的 23.64％。根据土层厚度可划分为 2 个土种：

①轻壤黄土质褐土性土。土层厚度在 80 厘米以上，面积为 58 100 亩，占本土属的 74.42％。

②轻壤中层黄土质褐土性土。土层厚度在 80 厘米以内，面积为 19 970 亩，占本土属的 25.58％。

上述 2 个土种除土层厚度不同外，其形态特征基本一致。现以轻壤黄土质褐土性土土种剖面描述如下：

典型剖面采自桃红坡赵圪垯村海拔为 1 009 米的丘陵坡地上，侵蚀中度。自然植被有细叶苦菜、蒿、狗尾草等，土壤容重为 1.15 克 / 立方厘米。

0～1厘米：为枯枝落叶草皮层。

1～22厘米：颜色褐棕，质地轻壤，结构碎块状，土体较紧，植物根系多。

22～64厘米：颜色褐棕，质地轻壤，结构块状，土体紧实，植物根系中量。

64～103厘米：颜色灰棕，质地轻壤，结构块状，土体紧实，植物根系极少。

103～150厘米：颜色灰棕，质地轻壤，结构块状，土体紧实，植物根系极少。

剖面通体有石灰反应，发育层次不明，母质特征较显著。黄土质褐土性土理化性状见表3-13。

表3-13 黄土质褐土性土理化性状

深度 （厘米）	有机质 （克/千克）	全氮 （克/千克）	全磷 （克/千克）	pH	碳酸钙 （%）	代换量 （me/百克土）	机械组成（%）	
							>0.01毫米	<0.001毫米
1～22	10.1	0.74	5.8	8.1	8.10	8.28	51.6	8.4
22～64	6.7	0.56	5.5	8.1	9.50	10.29	55.0	9.6
64～103	5.9	0.49	5.9	8.1	9.71	9.37	54.4	10.4
103～150	1.7	0.17	5.6	8.1	9.71	8.47	51.2	8.4

（9）耕种洪积褐土性土：耕种洪积褐土性土主要分布在双池、回龙、温泉等乡（镇）的丘陵沟谷中，面积为13 140亩，占褐土性土的3.98%。成土母质为近代河流季节性山洪暴发洪积物，形成土壤、土层厚薄不等，底部为沙砾石层，土壤质地偏轻；沙壤至轻壤，侵蚀轻微，土壤养分含量较高，有机质含量在1%以上，所处地区热资源丰富，单产较高，是交口县重要的农业土壤。该土壤划分为4个土种：

①沙壤耕种洪积褐土性土。面积为2 070亩，占本土属的15.75%，土体厚度在100厘米以上。

②沙壤深位厚沙砾石层耕种洪积褐土性土。面积为4 560亩，占本土属的34.70%，土体厚度在50厘米以上。

③轻壤耕种洪积褐土性土。面积为6 400亩，占本土属的48.71%。

④轻壤浅位厚沙砾石层耕种洪积褐土性土。土层厚度在50厘米以内，面积为110亩，占本土属的0.84%。

以上4个土种，壤质的要比沙壤质的耕层有机质含量高30%左右，保水保肥能力也强，但没有沙壤质的增温快，易耕作，发育特征均不明显。现以轻壤耕种洪积褐土性土土种描述如下：

典型剖面采自桃红坡镇大麦郊村圪堆坪海拔为1 059米的沟谷平地上，自然植被有铁线莲、地黄等，土壤容重为1.1克/立方厘米。

0～23厘米：颜色浅棕褐，质地轻壤，结构屑粒，土体疏松，植物根系多。

23～55厘米：颜色灰棕褐，质地轻壤，结构块状，土体较紧，植物根系中量。

55～98厘米：颜色棕褐，质地轻壤，结构块状，土体紧实，植物根系少。

98～139厘米：颜色棕褐，质地轻壤，结构块状，土体紧实，植物根系少。

全剖面石灰反应较强，耕种洪积褐土性土理化性状见表3-14。

表 3-14　耕种洪积褐土性土理化性状

深度（厘米）	有机质（克/千克）	全氮（克/千克）	全磷（克/千克）	pH	碳酸钙（%）	代换量（me/百克土）	机械组成（%）	
							>0.01毫米	<0.001毫米
0～23	21.1	1.22	4.5	7.9	5.69	10.23	50.0	10.0
23～55	12.4	0.96	4.3	8.0	5.95	9.25	49.6	8.4
55～93	10.2	0.54	6.3	8.0	4.38	9.75	48.8	10.8
98～139	7.3	0.67	6.6	8.0	4.53	8.76	41.2	9.0

（10）耕种沟淤褐土性土：面积极小，分布在双池、桃红坡等乡镇的丘陵沟底，经闸沟打坝淤积而成，土层深厚，母质物多为马兰黄土，养分含量较高，有机质含量多在1%以上。面积为2 990亩，占褐土性土的0.91%。该土属划分为轻壤耕种沟淤褐土性土1个土种，典型剖面采自桃红坡镇西宋庄村海拔为1 140米的沟坝地上，自然植被有蒿、铁线莲等，土壤容重为1.18克/立方厘米。

0～18厘米：褐灰棕色，轻壤，屑粒疏松。

18～52厘米：灰棕色，轻壤，碎块状稍紧。

52～95厘米：灰棕色，轻壤，块状紧实。

95～120厘米：灰棕色，轻壤，块状紧实。

120～150厘米：灰棕色，轻壤，块状紧实。

全剖面石灰反应较强，耕种沟淤褐土性土理化性状见表3-15。

表 3-15　耕种沟淤褐土性土理化性状

深度（厘米）	有机质（克/千克）	全氮（克/千克）	全磷（克/千克）	pH	碳酸钙（%）	代换量（me/百克土）	机械组成（%）	
							>0.01毫米	<0.001毫米
0～18	8.2	0.66	4.5	8.2	5.04	9.75	48.4	6.4
18～52	6.2	0.53	5.1	8.2	5.55	9.06	55.2	10.0
52～95	3.6	0.42	4.9	8.5	5.50	8.29	50.0	10.4
95～120	4.6	0.42	4.6	8.2	5.77	8.81	46.8	12.4
120～150	4.6	0.46	5.2	8.2	6.45	9.78	47.2	14.0

（二）粗骨土

粗骨土主要分布在回龙、双池、桃红坡、石口等乡（镇）侵蚀严重的土石山地及沟壑中，和山地褐土、褐土性土复域相间分布，面积为30 911.63亩，占耕地面积的7.81%。

粗骨性褐土所处地带，坡陡侵蚀严重，植被覆盖率极低（20%～30%）；它是在自然植被遭受破坏之后，水土流失加剧，表土或覆盖黄土被剥蚀，岩石裸露地表，是土体中占很大比例的一类土壤。发育很差，土层积薄，多在30厘米以内，土体中岩石半风化碎屑含量在50%以上，以下为基岩层。在目前属较难利用的一种土壤类型。

根据岩石类型的不同，可划分为2个土属、2个土种。

1. 中性粗骨土（砂页岩质粗骨性褐土）　中性粗骨土主要分布在桃红坡、坛索、双池及回龙等乡（镇），面积为13 658.40亩，占本亚类的44.18%。只划分薄层砂页岩质粗骨性褐土1个土种。

2. 钙质粗骨土（石灰岩质粗骨性褐土） 钙质粗骨土主要分布在回龙、双池、康城等乡（镇），面积 17 253.23 亩，占本亚类的 55.82%。本土属只划分薄层石灰岩质粗骨性褐土 1 个土种。

（三）红黏土

红黏土零星分布于回龙、温泉、坛索等乡（镇）的丘陵边缘及切割沟底，面积 4 012.17 亩，占总面积的 1.01%。侵蚀严重，耕层较薄，土质黏重，耕性不良，宜耕期短，养分含量不高，但保水保肥力强，土壤呈微酸性反应，是该土壤的主要特征。本土属划分为 2 个土种。

中壤耕种红土质褐土性土：面积 2 920 亩，占本土属的 72.78%。

重壤耕种红土质褐土性土：面积 1 092.17 亩，占本土属的 27.22%。

现以重壤耕种红土质褐土性土叙述。

典型剖面采自回龙乡均庄村家里海拔 1 197 米的丘陵沟壑，侵蚀重度，自然植被有黄蒿、黄刺玫等，土壤容重为 1.22 克／立方厘米。

0～18 厘米：颜色红棕，质地重壤，结构碎块，土体紧，石灰反应极微。

18～36 厘米：颜色红棕，质地重壤，结构碎块，土体紧，无石灰反应。

36～65 厘米：颜色暗红棕，质地重壤，结构块状，无石灰反应。

65～105 厘米：颜色暗红棕，质地重壤，结构块状，土体紧实，无石灰反应。

105～150 厘米：颜色棕红，质地重壤，结构块状，土体紧实，无石灰反应。

耕种红土质褐土性土典型剖面化学性状见表 3-16。

表 3-16　耕种红土质褐土性土理化性状

深度（厘米）	有机质（克/千克）	全氮（克/千克）	全磷（克/千克）	pH	代换量（me/百克土）	机械组成（%）	
						>0.01 毫米	<0.001 毫米
0～18	6.8	0.68	5.2	7.9	20.65	42.8	17.6
18～36	2.3	0.24	5.3	7.9	22.12	39.6	19.6
36～65	3.4	0.24	4.7	7.8	20.65	42.4	15.6
65～105	9.0	0.59	4.6	7.6	21.16	44.0	20.0
105～150	3.4	0.31	4.65	7.7	24.94	32.0	18.0

第二节　有机质及大量元素

土壤大量元素背景值的表达方式以各统计单元养分汇总结果的算术平均值和标准差来表示，分别以单体 N、P、K 表示。表示单位：有机质、全氮用克/千克表示，有效磷、速效钾、缓效钾用毫克/千克表示。

一、含量与分级

土壤有机质、全氮、有效磷、速效钾等以《山西省耕地土壤养分含量分级参数表》为标准各分 6 个级别，见表 3 - 17。

表 3 - 17　山西省耕地地力土壤养分耕地标

级　别	I	II	III	IV	V	VI
有机质（克/千克）	>25.00	20.01～25.00	15.01～20.00	10.01～15.00	5.01～10.00	≤5.00
全氮（克/千克）	>1.50	1.201～1.50	1.001～1.200	0.701～1.000	0.501～0.700	≤0.50
有效磷（毫克/千克）	>25.00	20.01～25.00	15.1～20.0	10.1～15.0	5.1～10.0	≤5.0
速效钾（毫克/千克）	>250	201～250	151～200	101～150	51～100	≤50
缓效钾（毫克/千克）	>1200	901～1200	601～900	351～600	151～350	≤150
阳离子代换量（厘摩尔/千克）	>20.00	15.01～20.00	12.01～15.00	10.01～12.00	8.01～10.00	≤8.00
有效铜（毫克/千克）	>2.00	1.51～2.00	1.01～1.51	0.51～1.00	0.21～0.50	≤0.20
有效锰（毫克/千克）	>30.00	20.01～30.00	15.01～20.00	5.01～15.00	1.01～5.00	≤1.00
有效锌（毫克/千克）	>3.00	1.51～3.00	1.01～1.50	0.51～1.00	0.31～0.50	≤0.30
有效铁（毫克/千克）	>20.00	15.01～20.00	10.01～15.00	5.01～10.00	2.51～5.00	≤2.50
有效硼（毫克/千克）	>2.00	1.51～2.00	1.01～1.50	0.51～1.00	0.21～0.50	≤0.20
有效钼（毫克/千克）	>0.30	0.26～0.30	0.21～0.25	0.16～0.20	0.11～0.15	≤0.10
有效硫（毫克/千克）	>200.00	100.1～200	50.1～100.0	25.1～50.0	12.1～25.0	≤12.0
有效硅（毫克/千克）	>250.0	200.1～250.0	150.1～200.0	100.1～150.0	50.1～100.0	≤50.0
交换性钙（克/千克）	>15.00	10.01～15.00	5.01～10.0	1.01～5.00	0.51～1.00	≤0.50
交换性镁（克/千克）	>1.00	0.76～1.00	0.51～0.75	0.31～0.50	0.06～0.30	≤0.05

（一）有机质

交口县耕地土壤有机质含量变化为 6.33～38.62 克/千克，平均值为 16.86 克/千克，属三级水平。见表 3 - 18。

（1）不同行政区域：双池镇最高平均值为 18.78 克/千克；最低是石口乡，平均值为 14.41 克/千克。

（2）不同地形部位：沟谷地平均值最高，为 17.01 克/千克；其次是丘陵低山中、下部机坡麓平垣地，平均值为 16.90 克/千克；最低是山地丘陵中、下部的缓坡地段，平均值为 16.77 克/千克。

（3）不同土壤类型：红黏土最高，平均值为 15.94 克/千克；粗骨土土壤最低，平均值为 14.54 克/千克。

（二）全氮

交口县土壤全氮含量变化范围为 0.29～1.40 克/千克，平均值为 0.69 克/千克，属五级水平。见表 3 - 18。

（1）不同行政区域：水头镇平均值最高，为 0.82 克/千克；其次是康城镇，平均值均为 0.70 克/千克；最低是温泉乡，平均值为 0.63 克/千克。

（2）不同地形部位：沟谷地和山地丘陵中、下部的缓坡地带最高，平均值为 0.69 克/千克；最低是低山丘陵坡地，平均值为 0.67 克/千克。

表 3－18 交口县大田土壤大量元素分类统计结果

类别		有机质（克/千克）		全氮（克/千克）		有效磷（毫克/千克）		速效钾（毫克/千克）		缓效钾（毫克/千克）	
		平均值	区域值	平均值	区域值	平均值	区域值	平均值	区域值	平均值	区域值
行政区域	水头镇	16.16	7.32～36.35	0.82	0.34～1.40	12.11	3.64～25.00	124.93	70.60～223.86	945.28	760.44～1 100.30
	康城镇	15.86	9.63～30.68	0.70	0.36～1.10	7.76	2.01～18.40	114.99	57.53～183.67	950.79	594.50～1 120.23
	双池镇	18.78	6.33～32.95	0.64	0.40～0.96	8.48	3.10～20.00	130.74	90.20～196.73	886.16	620.93～1 020.58
	桃红坡镇	18.14	10.34～38.62	0.69	0.42～1.13	8.59	2.82～20.00	109.89	60.80～204.26	961.38	740.51～1 177.83
	石口乡	14.41	8.31～29.54	0.68	0.29～1.10	9.42	3.64～21.75	126.70	67.33～204.26	948.43	740.51～1 120.23
	回龙乡	18.54	9.63～38.62	0.65	0.31～1.24	7.52	2.01～17.41	118.65	73.86～210.80	877.09	700.65～1 020.58
	温泉乡	16.82	6.99～36.35	0.63	0.34～1.24	9.92	3.91～25.43	104.93	70.60～217.33	882.18	680.72～1 100.30
土壤类型	粗骨土	14.54	10～45	0.67	0.5～1.4	11.41	10～100	126.46	100～160	855.03	700～1 400
	褐土	15.72	30～40	0.68	1.3～2	9.67	20～25	120.46	175～225	874.49	800～900
	红黏土	15.94	10.67～23.64	0.65	0.45～0.90	9.03	5.76～18.07	111.81	83.67～160.80	928.07	780.37～1 120.23
地形部位	低山丘陵坡地、沟谷地	16.79	7.98～36.35	0.67	0.34～1.26	8.67	2.28～23.73	121.81	70.60～210.80	916.85	700.65～1 160.09
	丘陵低山中、下部及坡麓平垣地	17.01	9.30～38.62	0.69	0.34～1.40	8.86	2.55～25.00	120.46	57.53～223.86	932.29	594.50～1 160.09
	山地丘陵中、下部的缓坡地段	16.90	6.33～38.62	0.68	0.29～1.32	8.84	2.01～25.10	117.59	60.80～220.60	929.36	620.93～1 177.83
		16.77	6.99～38.62	0.69	0.31～1.32	8.86	2.01～25.43	118.59	60.80～217.33	923.22	660.79～1 160.09

（3）不同土壤类型：褐土最高，平均值为 0.68 克/千克；其次是粗骨土，平均值为 0.67 克/千克；最低是红黏土，平均值为 0.65 克/千克。

（三）有效磷

交口县有效磷含量变化范围为 2.01～25.43 毫克/千克，平均值为 8.84 毫克/千克，属五级水平。见表 3-18。

（1）不同行政区域：水头镇最高，平均值为 12.11 毫克/千克；其次是温泉乡，平均值为 9.92 毫克/千克；最低是回龙乡，平均值为 7.52 毫克/千克。

（2）不同地形部位：沟谷地和山地丘陵中、下部的缓坡地段平均值最高，为 8.86 毫克/千克；其次是丘陵低山中、下部及坡麓平垣地，平均值为 8.84 毫克/千克；最低是低山去丘陵坡地，平均值为 8.67 毫克/千克。

（3）不同土壤类型：粗骨土最高，平均值为 11.41 毫克/千克；其次是褐土，平均值为 9.67 毫克/千克；最低是红黏土，平均值为 9.03 毫克/千克。

（四）速效钾

交口县土壤速效钾含量变化范围为 57.53～223.86 毫克/千克，平均值 118.45 毫克/千克，属四级水平。见表 3-18。

（1）不同行政区域：双池镇最高，平均值为 130.74 毫克/千克；其次是石口乡，平均值为 126.70 毫克/千克；最低是温泉乡，平均值为 104.93 毫克/千克。

（2）不同地形部位：低山丘陵坡地最高，平均值为 121.81 毫克/千克；其次是沟谷地，平均值为 120.46 毫克/千克；最低是丘陵低山中、下部及坡麓平垣地，平均值为 117.59 毫克/千克。

（3）不同土壤类型：粗骨土最高，平均值为 126.46 毫克/千克；其次是褐土，平均值为 120.46 毫克/千克；最低是红黏土，平均值为 111.81 毫克/千克。

（五）缓效钾

交口县土壤缓效钾变化范围 594.50～1 177.83 毫克/千克，平均值为 926.74 毫克/千克，属二级水平。见表 3-18。

（1）不同行政区域：桃红坡镇最高，平均值为 961.38 毫克/千克；其次是康城镇，平均值为 950.79 毫克/千克；回龙乡最低，平均值为 877.09 毫克/千克。

（2）不同地形部位：沟谷地最高，平均值为 932.29 毫克/千克；其次是丘陵低山中、下部及坡麓平垣地，平均值为 929.36 毫克/千克；最低是低山丘陵坡地，平均值为 916.85 毫克/千克。

（3）不同土壤类型：红黏土最高，平均值为 928.07 毫克/千克；其次是褐土，平均值为 874.49 毫克/千克；粗骨土最低，平均值为 855.03 毫克/千克。

二、分级论述

（一）有机质

Ⅰ级 有机质含量大于 25 克/千克以上，面积为 14 121.71 亩，占总耕地面积的 3.57%。主要分布于回龙乡、桃红坡镇区域。其他也有零星分布，主要种植玉米、蔬菜等作物。

Ⅱ级 有机质含量为20.01～25克/千克，面积为43 308.37亩，占总耕地面积的10.94％。主要分布在双池镇、回龙乡大部分区域，种植玉米等作物。

Ⅲ级 有机质含量为15.01～20.00克/千克，面积为196 738.19亩，占总耕地面积的49.73％。主要分布桃红坡镇大部分区域。主要种植玉米、谷子、核桃树等。

Ⅳ级 有机质含量为10.01～15.00克/千克，面积为137 505.53亩，占总耕地面积的34.76％。主要分布在温泉乡、桃红坡镇的大部区域，主要作物有玉米、红小豆等。

Ⅴ级 有机质含量为5.01～10.00克/千克，面积为3 926.52亩，占总耕地面积的1％。主要分布在城关、康城镇、石口乡部分区域，主要有莜麦等小杂粮作物。

（二）全氮

Ⅰ级 全氮量大于1.40克/千克，面积为1 321.31，占总耕地面积的0.34％。

Ⅱ级 全氮含量为1.20～1.50克/千克，面积为5 698.93.亩，占总耕地面积的1.44％。主要分布于康城镇、城关镇的河流沟谷一带，主要作物有玉米、谷子等。

Ⅲ级 全氮含量为1.00～1.201克/千克，面积为89 593.83亩，占总耕地面积的22.65％。主要分布在双池镇、回龙、温泉乡的部分区域，主要作物有玉米、谷子等。

Ⅳ级 全氮含量为0.701～1.000克/千克，面积为291 274.74亩，占总耕地面积的73.63％。主要分布全县各乡（镇）的大部分地区，主要作物有马铃薯、玉米、谷子、小杂粮等。

Ⅴ级 全氮含量为0.501～0.700克/千克，面积为7 711.51亩，占总耕地面积的1.94％。分布在全县各乡（镇）的丘陵地带。

（三）有效磷

Ⅰ级 有效磷含量大于25毫克/千克。全县面积3 483.15亩，占总耕地面积的0.89％。主要分布水头镇、温泉乡的部分地带。主要作物有玉米等。

Ⅱ级 有效磷含量为20.01～25.00毫克/千克。全县面积11 490.66亩，占总耕地面积的2.92％。主要分布在石口、温泉乡的二级阶地、双池镇及桃红坡镇的部分地带，作物有玉米、谷子、核桃树等。

交口县耕地土壤大量元素分级面积见表3-19。

表3-19 交口县耕地土壤大量元素分级面积

类别	Ⅰ		Ⅱ		Ⅲ		Ⅳ		Ⅴ	
	百分比（％）	面积（亩）	百分比（％）	面积（亩）	百分比（％）	面积（亩）	百分比（％）	面积（亩）	百分比（％）	面积（亩）
有机质	3.57	14 121.71	10.94	43 308.37	49.73	196 738.19	34.76	137 505.53	1.00	3 926.52
全氮	0.34	1 321.31	1.44	5 698.93	22.65	89 593.83	73.63	291 274.74	1.94	7 711.51
有效磷	0.89	3 483.15	2.92	11 490.66	20.53	81 198.41	72.17	285 503.90	3.49	13 783.66
速效钾	—	—	0.42	1 667.16	8.28	32 757.97	75.83	299 969.59	15.47	61 205.6
缓效钾	—	—	61.89	244 846.47	38.11	150 749.32	—	4.53	—	—

Ⅲ级 有效磷含量为15.01～20.00毫克/千克，全县面积81 198.41亩，占总耕地面

积的 20.53％。主要分布在回龙乡、双池镇及桃红坡镇的大部分地带，主要作物有玉米、谷子、干果树等。

Ⅳ级　有效磷含量为 10.10～15.00 毫克/千克。全县面积 285 503.90 亩，占总耕地面积的 72.17％。主要分布于全县各个乡（镇）的丘陵地带，作物有玉米、马铃薯、谷子、蔬菜等。

Ⅴ级　有效磷含量为 5.10～10.00 毫克/千克。全县面积 13 783.663 亩，占总耕地面积的 3.49％。其主要分布在回龙乡和康城镇的二级阶地大部分地带，主要作物为玉米和谷子等。

Ⅵ级　有效磷小于 5.00 毫克/千克。全县面积 3 004.20 亩，占总耕地面积的 0.76％。

（四）速效钾

Ⅰ级　速效钾含量大于 250 毫克/千克，全县无分布。

Ⅱ级　速效钾含量为 201～250 毫克/千克，全县面积 1 667.16 亩，占总耕地面积的 0.42％。主要分布在双池镇大部分地带和石口乡的部分丘陵地带，作物有玉米、蔬菜等。

Ⅲ级　速效钾含量为 151～200 毫克/千克，全县面积 32 757.97 亩，占总耕地面积的 8.28％。主要分布在水头镇、康城镇及石口乡的部分地带，作物有马铃薯、玉米、蔬菜、核桃树。

Ⅳ级　速效钾含量为 101～150 毫克/千克，全县面积 299 969.59 亩，占总耕地面积的 75.83％。分布于全县各个乡（镇）的大部分地带，作物有马铃薯、玉米、谷子、莜麦、红小豆、蔬菜、核桃树等。

Ⅴ级　速效钾含量为 51～100 毫克/千克，全县面积 61 205.6 亩，占总耕地面积的 15.47％。全部为大田，作物以莜麦、红小豆等为主。

（五）缓效钾

Ⅰ级　缓效钾含量大于 1 200 毫克/千克，全县无分布。

Ⅱ级　缓效钾含量为 901～1 200 毫克/千克，全县面积 244 846.47 亩，占总耕地面积的 61.89％。广泛分布全县各乡（镇）的大部分地带，作物有谷子、玉米、马铃薯、蔬菜、干果树等。

Ⅲ级　缓效钾含量在 601～900 毫克/千克，全县面积 150 749.32 亩，占总耕地面积的 38.11％。广泛分布在全县各个乡（镇），作物有谷子、玉米、莜麦、红小豆、蔬菜等。

Ⅳ级　缓效钾含量为 351～600 毫克/千克，全县面积 4.53 亩。

Ⅴ级　缓效钾含量为 150～350 毫克/千克，全县无分布。

第三节　中量元素

中量元素背景值的表达方式以各统计单元养分汇总结果的算术平均值和标准差来表示。以单位体 S 表示，表示单位：用毫克/千克来表示。

由于有效硫目前全国范围内仅有酸性土壤临界值，而交口县土壤属石灰性土壤，没有临界值标准。因而只能根据养分含量的具体情况进行级别划分。

一、含量与分布

有效硫

交口县土壤有效硫变化范围为 7.71～133.40 毫克/千克，平均值为 34.27 毫克/千克，属四级水平。见表 3-20。

表 3-20　交口县耕地土壤中量元素分类统计结果

单位：毫克/千克

类　别		有效硫	
		平均值	区域值
行政区域	水头镇	30.19	9.85～76.71
	康城镇	29.22	12.96～66.73
	双池镇	43.96	10.92～93.34
	桃红坡镇	31.80	9.85～70.06
	石口乡	28.39	7.71～90.02
	回龙乡	38.62	20.70～83.36
	温泉乡	46.56	31.74～133.40
地形部位	低山丘陵坡地	34.26	10.92～90.02
	沟谷地	34.04	7.71～70.06
	丘陵低山中、下部及坡麓平垣地	34.36	7.71～133.40
	山地丘陵中、下部的缓坡地段	34.16	9.32～126.74
土壤类型	粗骨土	42.35	25～70
	褐土	33.21	25～60
	灰褐土	44.76	25～70
	栗褐土	43.38	25～130

（1）不同行政区域：温泉乡最高，平均值为 46.56 毫克/千克；其次是双池镇，平均值为 43.96 毫克/千克；最低是石口乡，平均值为 28.39 毫克/千克。

（2）不同地形部位：丘陵低山中、下部及坡麓平垣地最高，平均值为 34.36 毫克/千克；其次是低山丘陵坡地，平均值为 34.26 毫克/千克；最低是沟谷地，平均值为 34.04 毫克/千克。

（3）不同土壤类型：灰褐土最高，平均值为 44.76 毫克/千克；其次是栗褐土，平均值为 43.38 毫克/千克；最低是褐土，平均值为 33.21 毫克/千克。

二、分级论述

有效硫　交口县耕地土壤有效硫分级面积见表 3-21。

Ⅰ级　有效硫含量大于 200.00 毫克/千克，全县无分布。

Ⅱ级 有效硫含量100.1～200毫克/千克，全县面积为40 922.31亩，占总耕地面积的10.35%。

Ⅲ级 有效硫含量为50.1～100毫克/千克，全县面积为281 333.65亩，占总耕地面积的71.10%。分布在县城以南地带。作物为小麦、玉米、果树等。

Ⅳ级 有效硫含量在25.1～50.毫克/千克。全县面积为71 312.08亩，占总耕地面积的18.03%。

Ⅴ级 有效硫含量12.1～25毫克/千克，全县面积为1 989.07亩，占耕地面积的0.51%。分布在全县各个乡（镇）。作物为小麦、玉米、蔬菜、果树。

表 3-21 交口县耕地土壤有效硫分级面积

类别		Ⅰ		Ⅱ		Ⅲ		Ⅳ		Ⅴ	
		百分比（%）	面积（亩）	百分比（%）	面积（亩）	百分比（%）	面积（亩）	百分比（%）	面积（亩）	百分比（%）	面积（亩）
耕地土壤	有效硫	0	0	10.36	40 965.52	71.10	281 333.65	18.03	71 312.08	0.51	1 989.07

第四节 微量元素

土壤微量元素背景值的表达方式以各统计单元养分汇总结果的算术平均值和标准差来表示，分别以单体Cu、Zn、Mn、Fe、B、表示。表示单位为毫克/千克。

土壤微量元素参照全省第二次土壤普查的标准，结合交口县土壤养分含量状况重新进行划分，各分5个级别。

一、含量与分布

（一）有效铜

交口县土壤有效铜含量变化范围为0.46～3.68毫克/千克，平均值1.81毫克/千克，属二级水平。见表3-22。

（1）不同行政区域：石口乡最高，平均值为2.03毫克/千克；其次是温泉镇，平均值为1.99毫克/千克；桃红坡镇最低，平均值为1.49毫克/千克。

（2）不同地形部位：沟谷地最高，平均值为1.86毫克/千克；最低是丘陵低山中、下部及坡麓平垣地，平均值为1.80毫克/千克。

（3）不同土壤类型：褐土最高，平均值为1.81毫克/千克；其次是粗骨土，平均值为1.80毫克/千克；最低是红黏土，平均值为1.68毫克/千克。

（二）有效锌

交口县土壤有效锌含量变化范围为0.41～3.90毫克/千克，平均值为1.60毫克/千克，属二级水平。见表3-22。

（1）不同行政区域：双池镇最高，平均值为1.85毫克/千克；其次是水头镇，平均值为1.80毫克/千克；最低是康城镇，平均值为1.42毫克/千克。

表3-22 交口县耕地土壤微量元素分类统计结果

单位：毫克/千克

类别		有效铜		有效锰		有效锌		有效铁		有效硼	
		平均值	区域值	平均值	区域值	平均值	区域值	平均值	区域值	平均值	区域值
行政区域	水头镇	1.79	0.49~3.12	13.30	7.00~24.00	1.80	0.70~3.90	6.55	3.83~9.66	0.36	0.22~0.62
	康城镇	1.79	0.57~3.40	12.58	7.00~25.33	1.42	0.41~3.40	6.43	3.34~12.00	0.38	0.26~0.58
	双池镇	1.72	0.54~3.12	8.91	3.80~14.33	1.85	0.83~3.70	5.86	2.84~10.34	0.27	0.18~0.46
	桃红坡镇	1.49	0.46~3.26	9.86	5.67~15.67	1.59	0.73~2.99	6.44	3.17~8.66	0.33	0.18~0.81
	石口乡	2.03	0.54~3.40	11.56	5.67~28.66	1.60	0.48~3.30	6.17	3.50~9.66	0.30	0.16~0.44
	回龙乡	1.91	0.77~3.68	11.15	8.34~15.00	1.56	0.41~3.90	7.79	5.34~13.66	0.25	0.15~0.38
	温泉乡	1.99	1.00~3.12	11.30	9.00~16.67	1.61	0.70~2.99	7.46	5.34~10.34	0.36	0.22~0.79
地形部位	低山丘陵坡地	1.82	0.57~3.26	11.28	4.87~24.00	1.64	0.48~3.90	6.73	3.17~12.33	0.30	0.15~0.62
	沟谷地	1.86	0.60~3.40	11.73	4.07~25.33	1.57	0.41~3.20	6.44	3.17~11.67	0.33	0.16~0.76
	丘陵低山中、下部及坡麓平垣地	1.80	0.46~3.68	11.13	3.80~27.33	1.59	0.42~3.80	6.66	3.00~13.66	0.32	0.15~0.81
	山地、丘陵（中、下）部的缓坡地段	1.81	0.64~3.68	11.24	4.07~28.66	1.62	0.41~3.90	6.68	2.84~13.66	0.32	0.15~0.68
土壤类型	粗骨土	1.80	0.54~2.98	10.22	4.07~16.67	1.69	0.64~3.70	7.05	2.84~11.34	0.27	0.15~0.48
	褐土	1.81	0.46~3.68	11.32	3.8~28.66	1.60	0.41~3.90	6.62	3.00~13.66	0.33	0.15~0.81
	红黏土	1.68	0.64~2.98	10.62	8.34~23.34	1.44	0.50~2.60	6.21	4.17~8.00	0.34	0.24~0.46

（2）不同地形部位：低山丘陵坡地最高，平均值为 1.64 毫克/千克；其次是山地丘陵中、下部的缓坡地段，平均值为 1.62 毫克/千克；最低是沟谷地，平均值为 1.57 毫克/千克。

（3）不同土壤类型：粗骨土最高，平均值为 1.69 毫克/千克；其次是褐土，平均值为 1.60 毫克/千克；最低是红黏土，平均值为 1.44 毫克/千克。

（三）有效锰

交口县土壤有效锰含量变化范围为 3.8~28.66 毫克/千克，平均值为 11.22 毫克/千克，属三级水平。见表 3-22。

（1）不同行政区域：水头镇最高，平均值为 13.30 毫克/千克；其次是康城镇，平均值为 12.58 毫克/千克；最低是双池镇，平均值为 8.91 毫克/千克。

（2）不同地形部位：沟谷地最高，平均值为 11.73 毫克/千克；其次是低山丘陵坡地，平均值为 11.28 毫克/千克；最低是丘陵低山中、下部及坡麓平垣地，平均值为 11.13 毫克/千克。

（3）不同土壤类型：褐土最高，平均值为 11.32 毫克/千克；其次是红黏土，平均值为 10.62 毫克/千克；最低是粗骨土，平均值为 10.22 毫克/千克。

（四）有效铁

交口县土壤有效铁含量变化范围为 2.84~13.66 毫克/千克，平均值为 6.65 毫克/千克，属四级水平。见表 3-22。

（1）不同行政区域：回龙乡最高，平均值为 7.79 毫克/千克；其次是温泉乡，平均值为 7.46 毫克/千克；最低是双池镇，平均值为 5.86 毫克/千克。

（2）不同地形部位：低山丘陵坡地最高，平均值为 6.73 毫克/千克；其次是山地丘陵中、下部的缓坡地段，平均值为 6.68 毫克/千克；最低是沟谷地，平均值为 6.44 毫克/千克。

（3）不同土壤类型：粗骨土最高，平均值为 7.05 毫克/千克；其次是褐土，平均值为 6.62 毫克/千克；红黏土最低，平均值为 6.21 毫克/千克。

（五）有效硼

交口县土壤有效硼含量变化范围为 0.15~0.81 毫克/千克，平均值为 0.32 毫克/千克，属五级水平。见表 3-22。

（1）不同行政区域：康城镇最高，平均值为 0.38 毫克/千克；其次是水头镇和温泉乡，平均值为 0.36 毫克/千克；最低是回龙乡，平均值为 0.25 毫克/千克。

（2）不同地形部位：沟谷地平均值最高，为 0.33 毫克/千克；其次是丘陵低山中、下部及坡麓平垣地和山地丘陵中、下部的缓坡地段，平均值为 0.32 毫克/千克；最低是低山丘陵坡地，平均值为 0.30 毫克/千克。

（3）不同土壤类型：红黏土最高，平均值为 0.34 毫克/千克；其次是褐土，平均值为 0.33 毫克/千克；最低是粗骨土，平均值为 0.27 毫克/千克。

二、分级论述

（一）有效铜

Ⅰ级 有效铜含量大于 2.00 毫克/千克，全县面积为 125 834.76 亩，占总耕地面积的 31.81%。主要分布在石口、温泉乡及其他各乡（镇）的部分区域，主要作物为马铃薯、玉米、谷子等。

Ⅱ级　有效铜含量为1.51～2.00毫克/千克，全县面积为185 163.16亩，占总耕地面积的46.81％。分布在全县各乡（镇），作物有马铃薯、谷子、玉米、蔬菜、干果树等。

Ⅲ级　有效铜含量为1.01～1.51毫克/千克，全县面积为76 916.99亩，占总耕地面积的19.44％。

Ⅳ级　有效铜含量为0.51～1.00毫克/千克，全县面积为7 666.53亩，占总耕地面积的1.94％。主要分布在桃红坡镇的大部分及双池镇部分地带。主要作物有谷子、玉米、蔬菜、核桃树等。

Ⅴ级　有效铜含量小于1.00毫克/千克，全县无分布。

（二）有效锰

Ⅰ级　有效锰含量大于30.00毫克/千克，全县无分布。

Ⅱ级　有效锰含量为20.00～30.00毫克/千克，全县面积为3 081.47亩，占总耕地面积的0.78％。广泛分布于全县各乡（镇）。作物为玉米、蔬菜。

Ⅲ级　有效锰含量为15.01～20.00毫克/千克，全县面积为29 084.56亩，占总耕地面积的7.35％，广泛分布于全县各乡（镇）。作物为玉米、蔬菜等。

Ⅳ级　有效锰含量为5.01～15.00毫克/千克，全县面积为362 887.59亩，占总耕地面积的91.73％。广泛分布于全县各乡（镇）。作物为玉米、蔬菜等。

Ⅴ级　有效锰含量为1.01～5.00毫克/千克，全县面积546.70亩，占总耕地面积的0.14％。主要分布于双池镇部分地带。

（三）有效锌

Ⅰ级　有效锌含量大于3.00毫克/千克，全县面积为1 577.43亩，占总耕地面积的0.40％。零星分布，作物有小麦、玉米。

Ⅱ级　有效锌含量为1.51～3.00毫克/千克，全县面积为235 797.44亩，占总耕地面积的59.60％。分布在全县各个乡（镇）。作物有谷子、玉米、马铃薯等。

Ⅲ级　有效锌含量为1.01～1.50毫克/千克，全县面积为139 858.24亩，占总耕地面积的35.35％。分布在全县各乡（镇）大部分地带。大田作物有谷子、马铃薯、玉米。

Ⅳ级　有效锌含量为0.51～1.00毫克/千克，全县面积为18 003.78亩，占总面积面积的4.55％。广泛分布在康城镇及回龙乡的部分地带。作物有谷子、玉米、蔬菜、干果树。

Ⅴ级　有效锌含量为0.31～0.50毫克/千克，全县面积363.43亩，占总耕地面积的0.10％。作物有谷子、玉米。

（四）有效铁

Ⅰ级　有效铁含量大于20.00毫克/千克，全县无分布。

Ⅱ级　有效铁含量为15.00～20.00毫克/千克，全县无分布。

Ⅲ级　有效铁含量为10.01～15.00毫克/千克，全县面积为592.37亩，占总耕地面积的0.16％。零星分布，作物为谷子、玉米。

Ⅳ级　有效铁含量为5.01～10.00毫克/千克，全县面积为375 670.38亩，占总耕地面积的94.96％。广泛分布全县各乡（镇）大部分区域地带，作物有谷子、玉米、马铃薯、蔬菜等。

Ⅴ级　有效铁含量在 2.51～5.00 毫克/千克，全县面积为 19 337.57 亩，占总耕地面积的 4.88%。主要分布石口乡、双池镇的部分区域。作物有马铃薯、玉米、谷子、蔬菜。

（五）有效硼

Ⅰ级　有效硼含量大于 2.00 毫克/千克，全县无分布。

Ⅱ级　有效硼含量为 1.51～2.00 毫克/千克，全县无分布。

Ⅲ级　有效硼含量为 1.01～1.50 毫克/千克，全县面积为 5 836.40 亩，占总耕地面积的 1.48%。零星分布，作物为玉米。

Ⅳ级　有效硼含量为 0.51～1.00 毫克/千克，全县面积为 382 800.37 亩，占总耕地面积的 96.76%。广泛分布在全县的各乡（镇），作物有谷子、马铃薯、玉米、莜麦、红小豆、蔬菜。

Ⅴ级　有效硼含量为 0.21～0.50 毫克/千克，全县面积为 6 963.55 亩，占总耕地面积的 1.76%。主要分布在双池镇及回龙乡的部分地区。作物有、玉米。

交口县耕地土壤微量元素土壤分级面积见表 3-23。

表 3-23　交口县耕地土壤微量元素分级面积

类别		Ⅰ		Ⅱ		Ⅲ		Ⅳ		Ⅴ	
		百分比（%）	面积（亩）	百分比（%）	面积（亩）	百分比（%）	面积（亩）	百分比（%）	面积（亩）	百分比（%）	面积（亩）
耕地土壤	有效铜	31.81	125 834.76	46.81	185 163.16	19.44	76 916.990	1.94	7 666.53	0	0
	有效锌	0.40	1 577.43	59.60	235 797.44	35.35	139 858.24	4.55	18 003.78	0.10	363.43
	有效铁	0	0	0	0	0.16	592.37	94.96	375 670.38	4.88	19 337.57
	有效锰	0	0	0.78	3 081.47	7.35	29 084.56	91.73	362 887.59	0.14	546.70
	有效硼	0	0	0	0	1.48	5 836.40	96.76	382 800.37	1.76	6 963.55

第五节　其他理化性状

一、土壤 pH

交口县耕地土壤 pH 变化范围为 7.73～8.90，平均值为 8.00。见表 3-24。

表 3-24　交口县耕地土壤 pH 平均值分类统计结果

类　　别		pH	区域值
行政区域	水头镇	7.98	7.73～8.20
	康城镇	8.00	7.81～8.59
	双池镇	8.01	7.89～8.90
	桃红坡镇	7.99	7.81～8.20
	石口乡	8.01	7.89～8.20
	回龙乡	8.01	7.81～8.35
	温泉乡	7.99	7.81～8.12

（续）

类　　别		pH	区域值
土壤类型	粗骨土	8.00	—
	褐土	8.00	—
	红黏土	8.01	—
地形部位	沟谷地	8.00	—
	丘陵低山中、下部及坡麓平垣地	8.00	—
	山地、丘陵（中、下）部的缓坡地段	8.00	—
	低山丘陵坡地	8.00	—

（1）不同行政区域：双池镇、石口乡和回龙乡 pH 平均值最高为 8.01；其次是康城镇，pH 平均值为 8.00；最低是水头镇，pH 平均值为 7.98。

（2）不同地形部位：所有乡（镇）的 pH 平均值均为 8.00。

二、耕层质地

土壤质地是土壤的重要物理性质之一，不同的质地对土壤肥力高低、耕性好坏、生产性能的优劣具有很大影响。

土壤质地也称土壤机械组成，指不同粒径在土壤中占有的比例组合。根据卡庆斯基质地分类，粒径大于 0.01 毫米为物理性沙粒，小于 0.01 毫米为物理性黏粒。根据其沙黏含量及其比例，主要可分为沙壤土、轻壤土、中壤土、轻黏土和重黏土 5 级。

交口县耕层土壤质地 90% 以上为轻壤、中壤、重壤，沙壤与黏土面积很少，见表 3-25。

表 3-25　交口县土壤耕层质地概况

质地类型	耕种土壤（亩）	占耕种土壤（%）
沙壤	3 672.59	0.93
轻壤	355 745.66	89.93
中壤	29 007.92	7.33
轻黏土	6 888.93	1.74
重黏土	285.22	0.07
合计	395 600.32	100.0

从表 3-25 得知，交口县轻壤面积居首位，中壤、轻壤，二者占到全县总面积的 97.25%。其中壤或轻壤（俗称绵土）物理性沙粒大于 55%，物理性黏粒小于 45%，沙黏适中，大小孔隙比例适当，通透性好，保水保肥，养分含量丰富，有机质分解快，供肥性好，耕作方便，通耕期早，耕作质量好，发小苗也发老苗。因此，一般壤质土，水、肥、气、热比较协调。从质地上看，是农业上较为理想的土壤。

沙壤土占交口县耕地地总面积的 0.93%，其物理性沙粒高达 80% 以上，土质较沙，疏松易耕，粒间孔隙度大，通透性好，但保水保肥性能差，抗旱力弱，供肥性差，前劲强后劲弱，发小苗不发老苗。

黏质土即轻黏土和重黏土，占交口县耕地总面积的 1.81％。其中土壤物理性黏粒（<0.01毫米）高达 45％以上，土壤黏重致密，难耕作，易耕期短，保肥性强，养分含量高，但易板结，通透性能差。土体冷凉坷垃多，不养小苗，易发老苗。

三、土体构型

土体构型是指整个土体各层次质地排列组合情况。它对土壤水、肥、气、热等各个肥力因素有制约和调节作用，特别对土壤水、肥储藏与流失有较大影响。因此，良好的土体构型是土壤肥力的基础。

交口县耕作的土体构型可概分四大类，即通体型和夹层型。其中以通体壤质型面积最大，广泛分布于丘陵、二级阶地等，土体构型好。通体沙壤型或夹沙型主要分布于山前丘陵或低山区，该土易漏水漏肥，保肥性差，在施肥浇水上应小畦节浇，少吃多餐，是一种构型较差的土壤。通体黏质或夹黏型（蒙金型）主要分布在低山区、阶地及山前洪积扇、一级阶地处，通体黏质型虽然保水保肥性能强，土壤养分含量高，但由于土性冷凉，土质过垆，难于耕作，故发老苗不发小苗。"蒙金型"又称"绵盖垆，该土上轻下重，上松下紧，易耕易种，心土层紧实致密，托水托肥，肥水不易渗漏，故既发小苗，又发老苗，所以"蒙金型"是农业生产上最为理想的土体构型。

四、土壤结构

构成土壤骨架的矿物质颗粒，在土壤中并非彼此孤立、毫无相关的堆积在一起，而往往是受各种作物胶结成形状不同、大小不等的团聚体。各种团聚体和单粒在土壤中的排列方式称为土壤结构。

土壤结构是土体构造的一个重要形态特征，它关系着土壤水、肥、气、热状况的协调、土壤微生物的活动、土壤耕性和作物根系的伸展，是影响土壤肥力的重要因素。

交口县山地土壤由于有机质含量高，主要为团粒结构，粒径为 0.25～10 毫米，由腐殖质为成型动力胶结而成。团粒结构是良好的土壤结构类型，可协调土壤的水、肥、气、热状况。

交口县耕作土壤的有机质含量较少，土壤结构主要以土壤中碳酸钙胶结为主，水稳性团粒结构一般为 20％～40％。

交口县土壤的不良结构主要有：

1. 板结 交口县耕作土壤灌水或降雨后表层板结现象较普遍，板结形成的原因是细黏粒含量较高、有机质含量少所致。板结是土壤不良结构的表现，它可加速土壤水分蒸发、土壤紧实，影响幼苗出土生长以及土壤的通气性能。改良办法应增加土壤有机质，雨后或浇灌后及时中耕破板，以利土壤疏松通气。

2. 坷垃 坷垃是在质地黏重的土壤上易产生的不良结构。坷垃多时，由于相互支撑，增大孔隙透风跑墒，促进土壤蒸发，并影响播种质量，造成露籽或压苗，或形成吊根，妨碍根系穿插。改良办法首先大量施用有机肥料和掺杂沙改良黏重土壤；其次应掌握宜耕期，及时进行耕耙，使其粉碎。

土壤结构是影响土壤孔隙状况、容重、持水能力、土壤养分等的重要因素，因此，创造和改善良好的土壤结构是农业生产上夺取高产稳产的重要措施。

五、土壤孔隙状况

土壤是多孔体，土粒、土壤团聚体之间以及团聚体内部均有孔隙。单位体积土壤孔隙所占的百分数，称土壤孔隙度，也称总孔隙度。

土壤孔隙的数量、大小、形状很不相同，它是土壤水分与空气的通道和储存所，它密切影响着土壤中水、肥、气、热等因素的变化与供应情况。因此，了解土壤孔隙大小、分布、数量和质量，在农业生产上有非常重要的意义。

土壤孔隙度的状况取决于土壤质地、结构、土壤有机质、土粒排列方式及人为因素等。黏土孔隙多而小，通透性差；沙质土孔隙少而粒间孔隙大，通透性强；壤土则孔隙大小比例适中。土壤孔隙可分 3 种类型：

1. 无效孔隙　孔隙直径小于 0.001 毫米，作物根毛难以伸入，为土壤结合水充满，孔隙中水分被土粒强烈吸附，故不能被植物吸收利用，水分不能运动也不通气，对作物来说是无效孔隙。

2. 毛管孔隙　孔隙直径在 0.001～0.1 毫米，具有毛管作用，水分可借毛管弯月面力保持储存在内，并靠毛管引力向上下左右移动，对作物是最有效水分。

3. 非毛细管孔隙　即孔隙直径大于 0.1 毫米的大孔隙，不具毛管作用，不保持水分，为通气孔隙，直接影响土壤通气、透水和排水的能力。

土壤孔隙一般为 30%～60%，对农业生产来说，土壤孔隙以稍大于 50% 为好，要求无效孔隙尽量低些。非毛管孔隙应保持在 10% 以上，若小于 5% 则通气、渗水性能不良。

交口县耕层土壤总孔隙一般为 38.5%～58.5%。毛管孔隙一般为 41.9%～50.2%，非毛细管孔隙一般为 0.7%～16.6%，大小孔隙之比一般是 1∶12.5，最大为 1∶49，最小为 1∶2.5。最适宜的大小孔隙之比 1∶（2～4）。因此，交口县土壤大都通气孔隙较低，土壤紧实，通气差。

第六节　耕地土壤属性综述与养分动态变化

一、耕地土壤属性综述

交口县 3 786 个样点测定结果表明，耕地土壤有机质平均含量为 16.86±3.84 克/千克，全氮平均含量为 0.69±0.12 克/千克，有效磷平均含量为 8.84±2.77 毫克/千克，速效钾平均含量为 118.45±21.91 毫克/千克，有效铜平均含量为 1.81±0.44 毫克/千克，有效锌平均含量为 1.60±0.42 毫克/千克，有效铁平均含量为 6.65±

1.03 毫克/千克，有效锰平均值为 11.22±2.346 毫克/千克，有效硼平均含量为 0.32±
0.07 毫克/千克，pH 平均值为 8.00±0.06，有效硫平均含量为 34.27±11.58 毫克/千
克，缓效钾平均值为 926.74±67.39 毫克/千克。

交口县耕地土壤属性总体统计结果见表 3-26。

表 3-26　交口县耕地土壤属性总体统计结果

项目名称	点位数（个）	平均值	最大值	最小值	标准差	变异系数（%）
有机质（克/千克）	3 786	16.86	38.62	6.33	3.84	0.23
全氮（克/千克）	3 786	0.69	1.40	0.29	0.12	0.17
有效磷（毫克/千克）	3 786	8.84	25.43	2.01	2.77	0.31
速效钾（毫克/千克）	3 786	118.45	223.86	57.53	21.91	0.18
有效铜（毫克/千克）	3 786	1.81	3.68	0.46	0.44	0.24
有效锌（毫克/千克）	3 786	1.60	3.90	0.41	0.42	0.26
有效铁（毫克/千克）	3 786	6.65	13.66	2.84	1.03	0.15
有效锰（毫克/千克）	3 786	11.22	28.66	3.80	2.34	0.21
有效硼（毫克/千克）	3 786	0.32	0.81	0.15	0.07	0.22
pH	3 786	8.00	8.90	7.73	0.06	0.01
有效硫（毫克/千克）	3 786	34.27	133.40	7.71	11.58	0.34
缓效钾（毫克/千克）	3 786	926.74	1 177.83	594.50	67.39	0.07

二、有机质及大量元素的演变

随着农业生产的发展及施肥、耕作经营管理水平的变化，耕地土壤有机质及大量元素
也随之变化。与 1984 年全国第二次土壤普查时的耕层养分测定结果相比，23 年间，土壤
有机质增加了 10.16 克/千克，全氮增加了 0.299 克/千克，有效磷增加了 18.85 毫克/千
克，速效钾增加了 112.81 毫克/千克。见表 3-27。

表 3-27　交口县耕地耕层（0~20 厘米）土壤养分动态变化

项　　目			土壤类型（亚类）						
			褐土性土	淋溶褐土	栗褐土	淡栗褐土	钙质粗骨土	中性粗骨土	红黏土
有机质	第二次土壤普查		7.60	7.09	10.40	11.70	18.10	7.10	6.70
	大田	本次调查	16.73	17.92	14.78	14.87	19.62	18.87	15.92
		增减	9.13	10.83	4.38	3.17	1.52	11.77	9.22
全氮	第二次土壤普查		0.77	0.49	0.83	0.85	1.27	0.58	0.65
	大田	本次调查	0.68	0.85	0.70	0.64	0.69	0.67	0.65
		增减	-0.09	0.36	-0.13	-0.21	-0.58	0.09	—

（续）

项　目			土壤类型（亚类）						
			褐土性土	淋溶褐土	栗褐土	淡栗褐土	钙质粗骨土	中性粗骨土	红黏土
有效磷	第二次土壤普查		8.21	8.85	7.18	8.50	3.64	3.64	6.82
	大田	本次调查	8.81	14.32	10.54	9.57	7.83	8.12	9.00
		增减	0.60	5.47	3.36	1.07	4.19	4.48	2.18
速效钾	第二次土壤普查		97	174	79	103.40	100	100	84
	大田	本次调查	117.45	141.43	130.34	126.04	125.48	118.60	111.72
		增减	20.45	−32.57	51.34	22.64	25.48	18.60	27.72

注：以上大田统计结果依据 2009—2011 年交口县测土配方施肥项目土样化验结果。

第四章 耕地地力评价

第一节 耕地地力分级

一、面积统计

交口县耕地面积 39.56 万亩，全部为旱地。按照地力等级的划分指标，通过对 3 786 个评价单元 IFI 值的计算，对照分级标准，确定每个评价单元的地力等级，汇总结果见表 4-1。

表 4-1 交口县耕地地力统计

等级	面　积（亩）	所占比重（%）
1	25 551.40	6.46
2	95 065.44	24.03
3	83 803.94	21.18
4	153 021.12	38.68
5	38 158.42	9.65
合计	395 600.32	100

二、地域分布

交口县耕地按地貌类型可分为山地（中山、低山）、丘陵、河谷 3 种类型。山地位于吕梁山分水岭背斜，山高沟深、沟谷狭窄，谷底纵坡较陡，山顶呈浑圆形，土层较薄，占全县总耕地面积的 65%。丘陵区主要包括双池镇的全部，回龙、坛索等乡（镇）的少部分地区。海拔 820~1 200 米，由于黄土覆盖深厚，土质结构松散，垂直节理发育，抗侵蚀力差，土表肥力逐渐被侵蚀，土壤肥力下降，属交口县土壤肥力最低的区域，占全县总耕地面积的 24%。河谷由西北向东南逐渐开阔，全县有 5 条季节性河流，均属吕梁山东侧汾河流域。一级阶地河床 3~5 米、面积较小；二级阶地仅在东南部河谷有较多残留，但耕地面积很小，两者面积占全县总耕地面积的 10% 左右。

第二节 耕地地力等级分布

一、一 级 地

（一）面积和分布

本级耕地主要分布在大麦郊、回龙等乡（镇）的河流沟谷一级阶地和二级阶地上。面积为 25 551.40 亩，占全县总耕地面积的 6.46%。

（二）主要属性分析

河漫滩和一级阶地位于交口县各乡（镇）沿河两岸及沟坝地区的县城所在地，是交口县政治、经济、文化和交通中心。河漫滩地和一级阶地位于交口县的交通要道，自东向西从中穿过。全县共有季节性河流 5 条，总长 145 千米，均属吕梁山东侧汾河流域。一级阶地高出河床 3～5 米，面积小；二级阶地仅在东南部河谷有较多的残留，高出河床 10～20 米，阶面缓平，向河床倾斜，上面是 1～2 米的沙黄土，下部是沙砾石层，为近代河流洪积—冲积物。土壤为褐土性土亚类，成土母质为河流冲积物，地面坡度为 2°～3°，耕层质地为多为沙壤、轻壤土，土体构型为壤夹黏。有效土层厚度 100～120 厘米，平均为 110 厘米，耕层厚度为 19.52 厘米。pH 在 7.73～8.12，平均为 7.96。地势平缓，无侵蚀，保水，地面平坦，园田化水平高。

本级耕地土壤有机质平均含量为 19.45 克/千克，属省三级水平，比全县平均含量高 2.59 克/千克；有效磷平均含量为 12.50 毫克/千克，属省四级水平，比全县平均含量高 3.66 毫克/千克；速效钾平均含量为 136.22 毫克/千克，比全县高 17.77 毫克/千克；全氮平均含量为 0.80 克/千克；属省四级水平，比全县平均含量高 0.11 克/千克；中量元素有效硫比全县平均含量高，微量元素硼偏低，锌较全县平均水平高。详见表 4-2。

该级耕地农作物生产历来水平较高，从农户调查表来看，主要种植作物为春播玉米，亩产 450 千克以上，效益显著，是交口县重要的玉米生产基地。

表 4-2　一级地土壤养分统计

项目	平均值	最大值	最小值	标准差	变异系数
有机质（克/千克）	19.45	38.62	9.30	4.22	0.22
有效磷（毫克/千克）	12.50	25.10	3.37	4.38	0.35
速效钾（毫克/千克）	136.22	223.86	70.60	27.96	0.21
pH	7.96	8.12	7.73	0.07	0.01
缓效钾（毫克/千克）	981.52	1 177.83	680.72	71.94	0.07
全氮（克/千克）	0.80	1.40	0.34	0.15	0.19
有效硫（毫克/千克）	33.09	133.40	7.71	11.91	0.36
有效锰（毫克/千克）	11.90	25.33	6.34	2.95	0.25
有效硼（毫克/千克）	0.36	0.62	0.16	0.08	0.22
有效铁（毫克/千克）	6.62	12.00	4.33	0.92	0.14
有效铜（毫克/千克）	1.82	3.26	0.49	0.49	0.27
有效锌（毫克/千克）	1.52	3.20	0.41	0.41	0.27
耕层厚度（厘米）	19.52	26.00	17.00	1.99	10.19

（三）主要存在问题

一是土壤肥力与高产高效的需求仍不适应。二是由于多年种植作物单调，化肥施用量不断提升，有机肥施用不足，引起土壤板结，土壤团粒结构分配不合理。尽管国家有一系列的种粮优惠政策，但最近几年农资价格的飞速猛长，种植规模小、效益不明显，农民的种粮积极性不高，对土壤进行粗放式管理。

（四）合理利用

本级耕地在利用上应从主攻合理施肥入手，培肥土壤，大力发展设施农业，加快粮食生产发展。突出区域特色经济作物等产业的开发，重点开展测土配方施肥与玉米地膜覆盖种植技术。

二、二 级 地

（一）面积与分布

主要分布在全县各乡（镇）二级阶地及沿河川一级阶地的边沿地带，海拔 1 200～1 700米，面积 95 065.44 亩，占耕地总面积的 24.03%。

（二）主要属性分析

本级土壤成土母质为河流洪积—冲积物，主要为古生界—新生界的产物，即砂页岩、石质岩、黑垆土、离石黄土、马兰黄土及冲积沙砾石黄土状亚沙土。发育于残积母质上的土壤，土层薄、质地粗，多为中壤—重壤，地面平坦，坡度小于 3°，园田化水平高。有效土层厚度为 70 厘米，耕层厚度平均为 19.16 厘米，本级土壤 pH 在 7.81～8.59，平均值为 8.00。

本级耕地土壤有机质平均含量为 16.90 克/千克，属省三级水平；有效磷平均含量为 9.05 毫克/千克，属省五级水平；速效钾平均含量为 118.60 毫克/千克，属省四级水平；全氮平均含量为 0.70 克/千克，属省四级水平，详见表 4-3。

表 4-3 二级地土壤养分统计

项目	平均值	最大值	最小值	标准差	变异系数
有机质（克/千克）	16.90	37.48	6.33	3.86	0.23
有效磷（毫克/千克）	9.05	18.73	2.82	2.09	0.23
速效钾（毫克/千克）	118.60	200.00	57.53	22.11	0.19
pH	8.00	8.59	7.81	0.05	0.01
缓效钾（毫克/千克）	936.25	1 140.16	594.50	65.20	0.07
全氮（克/千克）	0.70	1.24	0.29	0.10	0.14
有效硫（毫克/千克）	32.99	126.74	7.71	11.51	0.35
有效锰（毫克/千克）	11.44	27.33	4.07	2.62	0.23
有效硼（毫克/千克）	0.33	0.76	0.16	0.07	0.20
有效铁（毫克/千克）	6.47	11.34	3.00	0.91	0.14
有效铜（毫克/千克）	1.84	3.40	0.54	0.47	0.26
有效锌（毫克/千克）	1.60	3.80	0.42	0.44	0.28
耕层厚度（厘米）	19.16	25.00	17.00	1.97	10.30

本级耕地所在区域是交口县的主要粮、菜地，经济效益较高，粮食生产处于全县上游水平，玉米年平均亩产 550 千克，是交口县重要的粮、菜生产基地。

（三）主要存在问题

盲目施肥现象严重，有机肥施用量少，由于产量高造成土壤肥力下降，农产品品质降低。

（四）合理利用

应"用养结合"，以培肥地力为主，一是合理布局，实行轮作、倒茬，尽可能做到须根与直根、深根与浅根、豆科与禾本科、高秆与矮秆作物轮作，使养分调剂，余缺互补。二是推广玉米秸秆还田，提高土壤有机质含量。三是推广测土配方施肥技术，建设高标准农田。

三、三 级 地

（一）面积与分布

主要分布在各乡（镇）半山坡的坡改梯地带。海拔 1 000 米左右，面积为 83 803.94 亩，占耕地总面积的 21.18%。

（二）主要属性分析

本级耕地自然条件较好，地势平坦。耕地包括潮土、脱潮土、石灰性褐土和褐土性土 4 个亚类，成土母质为河流冲积物、黄土质母质和黄土状母质。耕层质地为中壤、轻壤，土层深厚。有效土层厚度在 150 厘米以上，耕层厚度为 19.18 厘米。土体构型为通体壤，地面基本平坦，坡度 2°~5°，园田化水平较高。本级耕地的 pH 在 7.73~8.82，平均为 8.01 。

本级耕地土壤有机质平均含量 16.27 克/千克，属省三级水平；有效磷平均含量为 7.67 毫克/千克，属省五级水平；速效钾平均含量为 112.51 毫克/千克，属省四级水平；全氮平均含量为 0.64 克/千克，属省五级水平，详见表 4-4。

表 4-4　三级地土壤养分统计

项目	平均值	最大值	最小值	标准差	变异系数
有机质（克/千克）	16.27	38.62	6.99	3.51	0.22
有效磷（毫克/千克）	7.67	19.39	2.01	1.77	0.23
速效钾（毫克/千克）	112.51	214.06	60.80	17.31	0.15
pH	8.01	8.82	7.73	0.05	0.01
缓效钾（毫克/千克）	909.37	1 120.23	620.93	60.51	0.07
全氮（克/千克）	0.64	1.32	0.34	0.09	0.15
有效硫（毫克/千克）	36.05	106.76	9.85	11.57	0.32
有效锰（毫克/千克）	10.77	22.67	3.80	1.76	0.16
有效硼（毫克/千克）	0.31	0.81	0.15	0.07	0.23

（续）

项目	平均值	最大值	最小值	标准差	变异系数
有效铁（毫克/千克）	6.80	13.66	3.17	1.12	0.17
有效铜（毫克/千克）	1.78	3.68	0.46	0.40	0.23
有效锌（毫克/千克）	1.60	3.10	0.46	0.38	0.24
耕层厚度（厘米）	19.18	26	15	1.65	8.61

本级耕地所在区域粮食生产水平较高，据调查统计，春播谷物或杂粮平均亩产150～200千克以上，效益较好。

（三）主要存在问题

本级耕地的微量元素硼、铁等含量偏低。

（四）合理利用

科学种田。本级耕地农业生产水平属中上，粮食产量较高，但并没有充分显示出高产性能。因此，应采用先进的栽培技术，如选用优种、科学管理、平衡施肥等。施肥上，应多喷一些硫酸铁、硼砂、硫酸锌等，充分发挥土壤的丰产性能，夺取各种作物高产。作物布局上，本区今后应在种植业发展方向上主攻优质小杂粮生产的同时，抓好无公害绿色农产品的生产。

四、四级地

（一）面积与分布

零星分布在交口县各乡（镇）中、低山的山地上，海拔1 100～2 054米，是交口县的低产田，面积153 021.12亩，占耕地总面积的38.68%。

（二）主要属性分析

该级耕地分布范围较大，土壤类型复杂，土体主要是石灰岩和变质岩类，裸露岩层较少，表层覆盖黄土，土层厚度不一。有效土层厚度为150厘米，耕层厚度平均为19.27厘米。土体构型为通体有岩石分化的砾石碎屑，且自上而下逐渐增多。本级土壤pH在7.73～8.90，平均为8.00。本级耕地土壤有机质平均含量为16.98克/千克，属省三级水平；有效磷平均含量为9.13毫克/千克，属省五级水平；速效钾平均含量为119.36毫克/千克，属省四级水平；全氮平均含量为0.70克/千克，属省五级水平；有效硼平均含量为0.32毫克/千克，属省五级水平；有效铁平均含量为6.66毫克/千克，属省四级水平；有效锌为1.61克/千克，属省二级水平；有效锰平均含量为11.26毫米/千克，属省四级水平；有效硫平均含量为34.29毫克/千克，属省四级水平。详见表4-5。

表4-5 四级地土壤养分统计

项目	平均值	最大值	最小值	标准差	变异系数
有机质（克/千克）	16.98	38.62	6.99	3.88	0.23
有效磷（毫克/千克）	9.13	25.43	3.10	2.90	0.32

（续）

项目	平均值	最大值	最小值	标准差	变异系数
速效钾（毫克/千克）	119.36	217.33	60.80	21.77	0.18
pH	8.00	8.90	7.73	0.06	0.01
缓效钾（毫克/千克）	925.81	1 160.09	660.79	67.14	0.07
全氮（克/千克）	0.70	1.32	0.34	0.12	0.17
有效硫（毫克/千克）	34.29	126.74	9.32	11.44	0.33
有效锰（毫克/千克）	11.26	28.66	4.07	2.35	0.21
有效硼（毫克/千克）	0.32	0.68	0.15	0.07	0.21
有效铁（毫克/千克）	6.66	13.66	2.84	1.01	0.15
有效铜（毫克/千克）	1.82	3.68	0.57	0.43	0.24
有效锌（毫克/千克）	1.61	3.90	0.41	0.42	0.26
耕层厚度（厘米）	19.27	26.00	17.00	2.23	11.59

主要种植作物以小杂粮为主，小杂粮平均亩产 150 千克以上，处于交口县的中等水平。

（三）主要存在问题

一是地理条件较差，干旱较为严重。二是本级耕地属山地，农家肥施用量少或不施，加之中量元素镁、硫含量偏低，微量元素的硼、铁、锌含量偏低，今后在施肥时应合理补充。

（四）合理利用

平衡施肥，低产田的养分失调，大大地限制了作物增产，因此，要在不同区域农田上，大力推广平衡施肥技术，进一步提高耕地的增产潜力。

五、五 级 地

（一）面积与分布

各乡（镇）均分布，海拔 1 650～2 054 米，是交口县的低产田，面积 38 158.42 亩，占耕地总面积的 9.65%。

（二）主要属性分析

该区域为交口县的中山区：分布于交口县的西北和西南边缘地带。土壤多为淋溶褐土。按成土母质只划分为黄土质淋溶褐土 1 个土属，成土母质为马兰黄土。耕层质地为轻壤，有效土层厚度平均为 69 厘米，耕层厚度为 19.57 厘米。土体构型为全剖面无石灰反应，黏粒的淋溶比较明显，含量极低，土壤疏松，质地偏轻，腐殖质层较厚，有机质含量较多，有不稳定的团粒结构及团聚体，是发展林业生产的重要土壤。pH 在 7.81～8.59，平均为 8.01。

本级耕地土壤有机质平均含量为 16.02 克/千克，属省三级水平；有效磷平均含量为 7.74 毫克/千克，属省五级水平；速效钾平均含量为 118.84 毫克/千克，属省四级水平；

全氮平均含量为 0.65 克/千克，属省五级水平；微量元素锌、铜属省二级水平；硼属省五级水平；铁、硫、锰均属省四级水平。详见表 4-6。

表 4-6 五级地土壤养分统计

项目	平均值	最大值	最小值	标准差	变异系数
有机质（克/千克）	16.02	36.35	7.98	3.33	0.21
有效磷（毫克/千克）	7.74	17.08	2.01	2.03	0.26
速效钾（毫克/千克）	118.84	210.80	70.60	20.44	0.17
pH	8.01	8.59	7.81	0.06	0.01
缓效钾（毫克/千克）	907.69	1 120.23	700.65	61.46	0.07
全氮（克/千克）	0.65	1.13	0.31	0.09	0.14
有效硫（毫克/千克）	33.79	90.02	10.92	11.38	0.34
有效锰（毫克/千克）	11.20	22.00	4.87	2.13	0.19
有效硼（毫克/千克）	0.30	0.60	0.15	0.06	0.21
有效铁（毫克/千克）	6.79	12.33	3.17	1.10	0.16
有效铜（毫克/千克）	1.81	3.26	0.67	0.40	0.22
有效锌（毫克/千克）	1.66	3.90	0.48	0.45	0.27
耕层厚度（厘米）	19.57	27.00	17.00	2.61	13.32

种植作物以小杂粮为主，据调查统计，小杂粮平均亩产 120 千克以上。

（三）主要存在问题

耕地土壤养分中量，微量元素为中等偏下，地型为坡石山地，地面坡度 15°以上，耕作粗放。

（四）合理利用

平整田面、改良土壤，主要措施除增施有机肥、秸秆还田外，还应种植苜蓿、豆类等养地作物，通过轮作倒茬，改善土壤理化性质。在施肥上除增加农家肥施用量外，应多施氮肥、平衡施肥，搞好土壤肥力协调。在山坡、丘陵区整修梯田，培肥地力，防蚀保土，建设高产基本农田。

各乡（镇）不同等级耕地数量统计见表 4-7。

表 4-7 各乡（镇）不同等级耕地数量统计

乡（镇）	一级	百分比	二级	百分比	三级	百分比	四级	百分比	五级	百分比
水头镇	6 932.81	1.75	4 342.30	1.09	276.18	0.06	13 092.78	3.30	1 424.35	0.36
康城镇	4 752.09	1.20	19 147.38	4.84	17 163.04	4.33	30 263.53	7.65	9 376.63	2.37
双池镇	205.22	0.05	7 673.10	1.93	13 782.24	3.48	20 403.67	5.15	4 810.21	1.21
桃红坡镇	4 213.09	1.06	16 788.83	4.24	12 667.60	3.20	23 873.34	6.03	3 389.55	0.85
石口乡	7 265.45	1.83	33 745.00	8.53	12 513.74	3.16	27 302.44	6.90	7 174.34	1.81
回龙乡	302.08	0.07	2 639.11	0.66	16 067.91	4.06	20 475.70	5.17	11 085.68	2.80
温泉乡	1 880.66	0.47	10 729.72	2.71	11 333.23	2.86	17 609.66	4.45	897.66	0.22
合计	25 551.40	6.43	95 065.44	24.03	83 803.94	21.18	153 021.12	38.68	38 158.42	9.62

第五章 中低产田类型、分布及改良利用

第一节 中低产田类型及分布

中低产田是指存在各种制约农业生产的土壤障碍因素，产量相对低而不稳定的耕地。

通过对全县耕地地力状况的调查，根据土壤主导障碍因素的改良主攻方向，依据中华人民共和国农业部发布的行业标准 NY/T 310—1996，引用山西省耕地地力等级划分标准，结合实际进行分析，交口县中低产田包括2个类型：坡地梯改型、瘠薄培肥型。中低产田面积为 274 983.48 亩，占总耕地面积的 69.51%。各类型面积情况统计见表 5 - 1。

表 5 - 1 交口县中低产田各类型面积情况统计

类 型	面积（亩）	占耕地总面积（%）	占中低产田面积（%）
坡地梯改型	83 803.94	21.18	30.48
瘠薄培肥型	191 179.54	48.33	69.52
合 计	274 983.48	69.51	100

一、坡地梯改型

坡地梯改型是指主导障碍因素为土壤侵蚀，以及与其相关的地形、地面坡度、土体厚度、土体构型与物质组成、耕作熟化层厚度与熟化程度等，需要通过修筑梯田埂等田间水保工程加以改良治理的坡耕地。

交口县坡地梯改型中低产田面积为 83 803.94 亩，占耕地总面积的 21.18%，共有 4 542 个评价单元，主要分布于吕梁山前洪积扇上部和峨嵋岭顶部，海拔 1 200～1 650 米的全县各个乡（镇）。

二、瘠薄培肥型

瘠薄培肥型是指受气候、地形条件限制，造成干旱、缺水、土壤养分含量低、结构不良、投肥不足、产量低于当地高产农田，只能通过连年深耕、培肥土壤、改革耕作制度，推广旱作农业技术等长期性的措施逐步加以改良的耕地。

交口县瘠薄培肥型中低产田面积为 191 179.54 亩，占耕地总面积的 48.33%，共有 6 412 个评价单元。主要分布于吕梁山前洪积扇中、下部和峨嵋岭下部，海拔 500～600 米的地区，分布于全县各个乡（镇）。

第二节　生产性能及存在问题

一、坡地梯改型

该类型区地形坡度＞10°，以中度侵蚀为主，园田化水平较低。土壤类型为褐土性土，土壤母质为洪积和黄土质母质。耕层质地为轻壤、中壤，质地构型有通体壤、壤夹黏。有效土层厚度大于150厘米，耕层厚度18～20厘米，地力等级多为3～4级。耕地土壤有机质含量16.27克/千克，全氮0.64克/千克，有效磷7.67毫克/千克，速效钾112.51毫克/千克。存在的主要问题是土质粗劣，水土流失比较严重，土体发育微弱，土壤干旱瘠薄、耕层浅。

二、瘠薄培肥型

该类型区域土壤轻度侵蚀或中度侵蚀，多数为旱耕地，以高水平梯田和缓坡梯田居多。土壤类型为褐土性土，各种地形、各种质地均有。有效土层厚度＞150厘米，耕层厚度22厘米，地力等级为4～5级。耕层养分含量有机质16.77克/千克，全氮0.69克/千克，有效磷8.82毫克/千克，速效钾119.25毫克/千克。存在的主要问题是田面不平，水土流失严重，干旱缺水，土质粗劣，肥力较差。全县中低产田各类型土壤养分含量平均值情况统计见表5-2。

表5-2　交口县中低产田各类型土壤养分含量平均值情况统计

类　型	有机质（克/千克）	全氮（克/千克）	有效磷（毫克/千克）	速效钾（毫克/千克）
坡地梯改型	16.27	0.64	7.67	112.51
瘠薄培肥型	16.77	0.69	8.82	119.25
平均值	16.52	0.67	8.25	115.88

第三节　改良利用措施

交口县中低产田面积274 983.48亩，占总耕地面积的69.51%，严重影响全县农业生产的发展和农业经济效益的提高，应因地制宜进行改良。

总体上讲，中低产田的改良、耕作、培肥是一项长期而艰巨的任务。通过工程、生物、农艺、化学等综合措施，消除或减轻中低产田土壤限制农业产量提高的各种障碍因素，提高耕地基础地力，其中耕作培肥对中低产田的改良效果是极其显著的。具体措施如下。

1. 施有机肥　增施有机肥，增加土壤有机质含量，改善土壤理化性状并为作物生长提供部分营养物质。据调查，有机肥的施用量达到每年2 000～3 000千克/亩，连续施用3年，可获得理想的效果。主要通过秸秆还田和施用堆肥、厩肥、人粪尿及禽畜粪便来实现。

2. 校正施肥 依据当地土壤实际情况和作物需肥规律选用合理肥料配比,有效控制化肥不合理施用对土壤性状的影响,达到提高农产品品质的目的。

(1)巧施氮肥:速效性氮肥极易分解,通常施入土壤中的氮素化肥的利用率只有25%～50%,或者更低。这说明施入土壤中的氮素,挥发渗漏损失严重。所以在施用氮素化肥时一定要注意施肥方法、施肥量和施肥时期,提高氮肥利用率,减少损失。

(2)重施磷肥:交口县地处黄土高原,属石灰性土壤。土壤中的磷常被固定,不能发挥肥效。加上部分群众重氮轻磷,作物吸收的磷得不到及时补充。试验证明,在缺磷土壤上增施磷肥增产效果明显。可以增施人粪尿与骡马粪堆、沤肥,其中的有机酸和腐殖酸能促进非水溶性磷的溶解,提高磷素的活力。

(3)因地施用钾肥:交口县土壤中钾的含量虽然在短期内不会成为限制农业生产的主要因素,但随着农业生产进一步发展和作物产量的不断提高,土壤中的有效钾的含量也会处于不足状态,所在在生产中,应定期监测土壤中钾的动态变化,及时补充钾素。

(4)重视施用微肥:作物对微量元素肥料需要量虽然很小,但能提高产品产量和品质,有其他大量元素不可替代的作用。据调查,全县土壤硼、锌、锰、铁等含量均不高,近年来棉花施硼,玉米、小麦施锌试验,增产效果均很明显。

然而,不同的中低产田类型有其自身的特点,在改良利用中应针对这些特点,采取相应的措施。

一、坡地梯改型中低产田的改良作用

1. 梯田工程 此类地形区的深厚黄土层为修建水平梯田创造了条件。梯田可以减少坡长,使地面平整,变降水的坡面径流为垂直入渗,防止水土流失,增强土壤水分储备和抗旱能力,可采用缓坡修梯田、陡坡种林率,增加地面覆盖度。

2. 增加梯田土层及耕作熟化层厚度 新建梯田的土层厚度相对较薄,耕作熟化程度较低。梯田土层厚度及耕作熟化层厚度的增加是这类田地改良的关键。梯田土层厚度的一般标准为:土层厚度大于80厘米,耕作熟化层厚度大于20厘米,有条件的应达到土层厚度大于100厘米,耕作熟化层厚度大于25厘米。

3. 农、林、牧并重 此类耕地今后的利用方向应是农、林、牧并重,因地制宜、全面发展。此类耕地应发展种草、植树,扩大林地和草地面积,促进养殖业发展,将生态效益和经济效益结合起来,如实行农(果)林复合农业。

二、瘠薄培肥型中低产田的改良利用

1. 平整土地与条田建设 将平坦垣面及缓坡地规划成条田,平整土地,以蓄水保墒。有条件的地方,开发利用地下水资源和引水上垣,逐步扩大垣面水浇地面积。通过水土保持和提高水资源开发水平,发展粮果生产。

2. 实行水保耕作法 在平川区推广地膜覆盖、生物覆盖等旱作农业技术,山地、丘陵推广丰产沟田或者其他高耕作物及种植制度和地膜覆盖、生物覆盖等旱作农业技术，有效保持土壤水分，满足作物需求，提高作物产量。

3. 大力兴建林带植被 因地制宜地造林、种草与农作物种植有效结合，兼顾生态效益和经济效益，发展复合农业。

第六章 耕地地力调查与质量评价的应用研究

第一节 耕地资源合理配置研究

一、耕地数量平衡与人口发展配置研究

交口县人多地少,耕地后备资源不足。2009 年有耕地 39.56 万亩,人口数量达 11.56 万人,人均耕地仅为 3.42 亩。从耕地保护形势看,由于全县农业内部产业结构调整,退耕还林,山庄撂荒,公路、乡(镇)企业基础设施等非农建设占用耕地,导致耕地面积逐年减少。目前现有耕地 39.56 万亩,而人口却由 2009 年的 11.56 万人增加到 2012 年的 12.06 万人,人地矛盾将出现严重危机。从交口县人民的生存和全县经济可持续发展的高度出发,采取措施,实现全县耕地总量动态平衡刻不容缓。

实际上,交口县扩大耕地总量仍有很大潜力,只要合理安排、科学规划、集约利用,就完全可以兼顾耕地与建设用地的要求,实现社会经济的全面、持续发展。从控制人口增长,村级内部改造和居民点调整,退宅还田,开发复垦土地后备资源和废弃地等方面着手增大耕地面积。

二、耕地地力与粮食生产能力分析

(一)耕地粮食生产能力

耕地生产能力是决定粮食产量的因素之一。近年来,由于种植结构调整和建设用地、退耕还林还草等因素的影响,粮食播种面积在不断减少,而人口在不断增加,对粮食的需求量也在增加。保证全县粮食需求,挖掘耕地生产潜力已成为农业生产中的大事。

耕地的生产能力是由土壤本身的肥力作用所决定的,其生产能力分为现实生产能力和潜在生产能力。

1. 现实生产能力 全县现有耕地面积为 39.56 万亩(包括已退耕还林及园林面积),而中低产田就有 27.50 万亩之多,占总耕地面积的 69.51%,而且均为旱地。这必然造成全县现实生产能力偏低。再加之农民对施肥,特别是有机肥的忽视,以及耕作管理措施的粗放,这都是造成耕地现实生产能力不高的原因。2009 年,全县粮食播种面积为 16.92 万亩,粮食总产量为 27 955 吨,亩产约 165 千克;油料作物播种面积为 1.41 万亩,总产量为 533 吨,亩产约 38 千克;蔬菜面积为 0.15 万亩,总产量为 389 吨,亩产为 259 千克(表 6-1)。

目前全县土壤有机质含量平均为 16.86 克/千克,全氮平均含量为 0.69 克/千克,有

效磷含量平均为 9.93 毫克/千克，速效钾平均含量为 118.45 毫克/千克。

表 6 - 1　交口县 2009 年粮食产量统计

	总产量（吨）	平均单产（千克）
粮食总产量	27 955	165
玉米	21 166	226
豆类	1 344	67
其他	5 445	—
蔬菜	389	259

交口县耕地总面积 39.56 万亩（包括退耕还林及园林面积），全部为旱地，其中中低产田 27.50 万亩，占耕地总面积的 69.51%，无灌溉条件。

2. 潜在生产能力　生产潜力是指在正常的社会秩序和经济秩序下所能达到的最大产量。从历史的角度和长期利益来看，耕地的生产潜力是比粮食产量更为重要的粮食安全因素。

交口县土地资源较为丰富，土质较好，光热资源充足。全县现有耕地中，一级、二级、三级地占总耕地面积的 51.67%，其亩产大于 500 千克；低于三级，即亩产量小于 300 千克的耕地占耕地总面积的 48.33%。经过对全县地力等级的评价得出，39.56 万亩耕地以全部种植粮食作物计，其粮食最大生产能力为 11 036.31 万千克，平均单产可达 279 千克/亩，全县耕地仍有很大生产潜力可挖。

纵观全县近年来的粮食、油料作物、蔬菜的平均亩产量和全县农民对耕地的经营状况来看，全县耕地还有巨大的生产潜力可挖。如果在农业生产中加大有机肥的投入，采取平衡施肥措施和科学合理的耕作技术，全县耕地的生产能力还可以提高。从近几年全区对玉米平衡施肥观察点经济效益的对比来看，平衡施肥区较习惯施肥区的增产率都在 20% 左右，甚至更高。如果能进一步提高农业投入比重，提高劳动者素质，下大力气加强农业基础建设，特别是农田水利建设，稳步提高耕地综合生产能力和产出能力，实现农林牧的结合就能增加农民的经济收入。

（二）不同时期人口、食品构成、粮食需求分析预测

农业是国民经济的基础，粮食是关系国计民生和国家自立与安全的特殊产品。从新中国成立初期到现在，交口县人口数量、食品构成和粮食需求都在发生着巨大变化。新中国成立初期居民食品构成主要以粮食为主，也有少量的肉类食品，水果、蔬菜的比重很小。随着社会的进步，生产的发展，人民生活水平逐步提高。到 20 世纪 80 年代初，居民食品构成依然以粮食为主，但肉类、禽类、油料、水果、蔬菜等的比重均有了较大提高。到 2009 年，全县人口增至 11.56 万，居民食品构成中，粮食所占比重有明显下降，肉类、禽蛋、水产品、奶制品、油料、水果、蔬菜、食糖占有相当的比重。

交口县粮食人均需求按国际通用粮食安全 400 千克计，全县人口自然增长率以 6.2% 计，到 2012 年，共有人口 12.06 万人，全县粮食需求总量为 4.82 万吨。因此，人口的增加对粮食的需求产生了极大的影响，也造成了一定的危险。

交口县粮食生产还存在着巨大的增长潜力。随着资本、技术、劳动投入、政策、制度等条件的逐步完善，全县粮食的产出与需求平衡终将成为现实。

（三）粮食安全警戒线

粮食是人类生存和社会发展最重要的产品，是具有战略意义的特殊商品，粮食安全不仅是国民经济持续健康发展的基础，也是社会安定、国家安全的重要组成部分。2013 年世界粮食危机已给一些国家的经济发展和社会安定造成不良影响。近年来，随着农资价格上涨、种粮效益低等因素的影响，农民种粮积极性不高，全县粮食单产徘徊不前，所以必须对全县的粮食安全问题给予高度重视。

2009 年，交口县的人均粮食占有量为 242 千克，而当前国际公认的粮食安全警戒线标准为年人均 400 千克。相比之下，两者的差距值得深思。

三、耕地资源合理配置意见

在确保粮食生产安全的前提下，优化耕地资源利用结构，合理配置其他作物占地比例。为确保粮食安全需要，对全县耕地资源进行如下配置：全县现有 39.56 万亩耕地中，其中 25 万亩用于种植粮食，以满足全县人口的粮食需求。其余 14.56 万亩耕地用于蔬菜、水果、中药材、油料等作物生产，其中瓜菜地 1.50 万亩，占用耕地面积 3.79％；药材占地 2 万亩，占用 5.06％；核桃占地 5 万亩，占用 12.64％；油料作物占地 2.5 万亩，占用 6.32％；薯类占地 2 万亩，占用 5.06％；其他作物占地 1.56 万亩。

根据《土地管理法》和《基本农田保护条例》划定全县基本农田保护区，将水利条件、土壤肥力条件好，自然生态条件适宜的耕地划为口粮和国家商品粮生产基地，严禁占用。在耕地资源利用上，必须坚持基本农田总量平衡的原则。一是建立完善的基本农田保护制度，用法律保护耕地。二是明确各级政府在基本农田保护中的责任，严控占用保护区内耕地，严格控制城乡建设用地。三是实行基本农田损失补偿制度，实行谁占用、谁补偿的原则。四是建立监督检查制度，严厉打击无证经营和乱占耕地的单位和个人。五是建立基本农田保护基金，县政府每年投入一定资金用于基本农田建设，大力挖潜存土地量。六是合理调整用地结构，用市场经营利益导向调控耕地利用。

同时，在耕地资源配置上，要以粮食生产安全为前提，以农业增效、农民增收为目标，逐步提高耕地质量，调整种植业结构，推广优质农产品，应用优质高效，生态安全栽培技术，提高耕地利用率。

第二节　耕地地力建设与土壤改良利用对策

一、耕地地力现状及特点

耕地质量包括耕地地力和土壤环境质量两个方面，此次调查与评价共涉及耕地土壤点位 3 786 个，点源污染点位 18 个。经过历时两年的调查分析，基本查清了全县耕地地力现状与特点。

通过对交口县土壤养分含量的分析得知：全县土壤以壤质土为主，有机质平均含量为 15.55 克/千克，属省二级水平；全氮平均含量为 0.68 克/千克，属省四级水平；有效磷含量平均为 9.93 毫克/千克,属省二级水平;速效钾含量为 121.97 毫克/千克,属省二级水平。中微量元素养分含量锌、铜较高,除铁属于五级外,其余均属四水平。

(一) 耕地土壤养分含量不断提高

从这次调查结果看,交口县耕地土壤有机质含量为 16.86 克/千克,属省三级水平,与第二次土壤普查的 9.95 克/千克相比提高了 6.91 克/千克;全氮平均含量为 0.69 克/千克,属省四级水平,与第二次土壤普查的 0.80 克/千克相比下降了 0.11 克/千克;有效磷平均含量 8.84 毫克/千克,属省四级水平,与第二次土壤普查的 6.96 毫克/千克相比提高了 1.88 毫克/千克;速效钾平均含量为 118.45 毫克/千克,属省二级水平,与第二次土壤普查的平均含量 97 毫克/千克相比提高了 21.45 毫克/千克。中微量元素养分含量锌、铜较高,除铁属于省五级外,其余属四级水平。

(二) 平川面积小,土壤质地好

据调查,全县仅有 30% 的耕地为河谷川地,主要分布在全县各乡(镇)沿河流两岸及沟谷地带,为一级、二级阶地,其地势平坦、土层深厚,其中大部分耕地坡度小于 6°,十分有利于现代化农业的发展。

(三) 耕作历史悠久,土壤熟化度高

据史料记载,早年尧舜时代交口县就已是农业区域,后稷曾在此"教民行稼穑",农业历史悠久,土质良好,加以多年的耕作培肥,土壤熟化程度高。据调查,有效土层厚度平均达 150 厘米以上,耕层厚度为 19~25 厘米,适种作物广,生产水平高。

(四) 土壤污染轻

对河流流域的 26 个土壤样品的数据进行分析,属于安全的有 26 个点位,属于警戒限的有 0 个点位,属于轻度污染的有个 0 点位,都属于非污染土壤。

二、存在主要问题及原因分析

(一) 中低产田面积较大

据调查,交口县共有中低产田面积 27.50 万亩,占耕地总面积的 69.51%,按主导障碍因素,分为坡地梯改型和瘠薄培肥型两大类型,其中坡地梯改型 8.38 万亩,占耕地总面积的 21.18%,瘠薄培肥型 19.12 万亩,占耕地总面积的 48.33%。

中低产田面积大,类型多。主要原因:一是自然条件恶劣,全县地形复杂,山、川、沟、垣、墕俱全,水土流失严重。二是农田基本建设投入不足,中低产田改造措施不力。三是农民耕地施肥投入不足,尤其是有机肥施用量仍处于较低水平。

(二) 耕地地力不足,耕地生产率低

交口县耕地虽然经过田、路、林综合治理,农田生态环境不断改善,耕地单产、总产呈现上升趋势,但近年来,农业生产资料价格一再上涨,农业生产成本较高,甚至出现种粮赔本现象,挫伤了农民种粮的积极性。一些农民通过增施氮肥取得产量,但耕作粗放,结果致使土壤结构变差,造成土壤养分恶性循环。

(三) 施肥结构不合理

作物每年从土壤中带走大量养分,主要是通过施肥来补充,因此,施肥直接影响土壤

中各种养分的含量。近几年在施肥上存在的问题，突出表现在"三重三轻"：第一，重特色产业、轻普通作物。第二，重复混肥料、轻专用肥料，随着我国化肥市场的快速发展，复混（合）肥异军突起，其应用对土壤养分的变化也有影响，许多复混（合）肥杂而不专，农民对其依赖性较大，而对于所种作物需什么肥料、土壤缺什么元素，底子不清，导致盲目施肥。第三，重化肥使用、轻有机肥使用，近些年来，农民将大部分有机肥施于菜田，特别是优质有机肥，而占很大比重的耕地有机肥却施用不足。

三、耕地培肥与改良利用对策

（一）多种渠道提高土壤肥力

1. 增施有机肥，提高土壤有机质　近年来，由于农家肥来源不足和化肥的发展，全县耕地有机肥施用量不够。可以通过以下措施加以解决。①广种饲草，增加畜禽，以牧养农。②大力种植绿肥，种植绿肥是培肥地力的有效措施，可以采用粮肥间作或轮作制度。③大力推广秸秆还田，是目前增加土壤有机质最有效的方法。

2. 合理轮作，挖掘土壤潜力　不同作物需求养分的种类和数量不同，根系深浅不同，吸收各层土壤养分的能力不同，各种作物遗留残体成分也有较大差异。因此，通过不同作物合理轮作倒茬，保障土壤养分平衡。要大力推广粮、油轮作，玉米、大豆立体间套作等技术模式，实现土壤养分协调利用。

（二）巧施氮肥

速效性氮肥极易分解，通常施入土壤中的氮素化肥的利用率只有25％～50％，或者更低。这说明施入土壤中的氮素，挥发渗漏损失严重。所以在施用氮肥时一定要注意施肥量、施肥方法和施肥时期，提高氮肥利用率，减少损失。

（三）重施磷肥

交口县地处黄土高原，属石灰性土壤，土壤中的磷常被固定，不能发挥肥效。加上长期以来群众重氮轻磷，作物吸收的磷得不到及时补充。试验证明，在缺磷土壤上增施磷肥增产效果明显，可以增施人粪尿、畜禽肥等有机肥，其中的有机酸和腐殖酸能促进非水溶性磷的溶解，提高磷素的活力。

（四）因地施用钾肥

交口县土壤中钾的含量虽然在短期内不会成为限制农业生产的主要因素，但随着农业生产的进一步发展和作物产量的不断提高，土壤中有效钾的含量也会处于不足状态，所以在生产中，定期监测土壤中钾的动态变化，及时补充钾素。

（五）重视施用微肥

作物需要微量元素肥料的量虽然很少，但对提高农产品产量和品质却有大量元素不可替代的作用。据调查，全县土壤硼、铁等含量均不高，近年来棉花施硼、玉米和小麦试验，增产效果很明显。

（六）因地制宜，改良中低产田

交口县中低产田面积比较大，影响了耕地地力水平。因此，要从实际出发，分类配套改良技术措施，进一步提高全县耕地地力质量。

四、成果应用与典型事例

旱作节水、地膜覆盖、配方施肥综合栽培技术

案例1——谷子栽培技术要点

1. 整地施肥　秋天深耕，及时耙糖平整，早春浅耕踏墒，弥合地表裂缝，防止水分蒸发，结合春耕亩施农家肥2 000～3 000千克，施入基肥后重新耙糖，达到地面平整、疏松、无坷垃、根茬，亩施碳铵和过磷酸钙各40～50千克，采取犁开沟集中条施或穴施，肥料集中施于播种沟，保证根系对养分的充分吸收。

2. 选用优种　优质谷子新品种有：晋谷18号、20号、21号、24号、26号、29号、40号，余三，张杂谷3号、5号。应结合交口县实际情况确定正确的品种。

3. 适时播种　五月中旬，地表0～10厘米，温度达到13～15℃时，即可下种，亩用种量0.5～0.7千克为宜。种子播种前必须翻晒2～3天，然后用瑞毒霉拌种，播后随耧砘镇压，墒情差时应镇压2～3次。

4. 做到田间"五早"管理　即早间苗、早定苗、早培土、早追肥及早防治病虫害。

（1）谷子出苗后：3叶期间苗、5叶期定苗，沟滩地亩留苗2万株以上，旱、坡地亩留苗1.7万～1.8万株，结合定苗要进行中耕除草，起到疏松土壤、提高地温、减少蒸发、促进根系生长和蹲苗的作用。

（2）拔节期（8叶期）：结合深中耕培土，清除行内杂草、谷秀子、病虫株及多余分叶，以利通风透光，防止倒伏，同时可趁降水追肥，亩追尿素10～20千克，及时中耕培土，为攻大穗创造条件。

（3）及早防治病虫害：病害有白发病、黑穗病、红叶病。防治办法，选用抗病品种，轮作倒茬，病株深埋或烧掉，播前晒种，用五氯硝基苯拌种。虫害有谷子钻心虫，防治办法，拾烧根茬，撒毒土，苗高一寸时用辛硫磷乳液1 000～1 500倍液喷洒，或用1.5%辛硫磷颗粒剂以1∶40的比例与细土或细炉灰拌匀，顺垄撒施。

5. 覆盖与播种

（1）种植形式：以地形定起垄行向，一般按南北向起垄铺膜，有利于增强沟垄内光照强度。110厘米为一带，60厘米为种植带，50厘米为作物通风和田间作业带，起垄、覆膜、种植，垄顶宽60厘米，起垄高5～10厘米，在播种前4～5天，将膜铺好，以利提高地温，铺膜方法：机铺、人工均可。

（2）适时早播：种植时间在立夏前后，种植方法为"一膜三行"打孔下种，膜上行距20厘米，株距26厘米，以梅花点打孔分布，孔径3厘米，播深3厘米（包括封孔土厚度），每穴下籽8～10粒，每亩开穴6 800孔，种植孔覆盖土必须选用湿土。每孔留苗3～4株，亩留苗密度在2万～2.3万株。

案例2——玉米丰产方地膜覆盖、配方施肥栽培技术

1. 实施区域　在交口县范围内的冷凉地区，按照集中连片、统一规划、整乡整村推进的原则，在适宜地膜覆盖的5个乡（镇）、44个村委推广玉米地膜覆盖2万亩。其中，石口乡9 521亩，19个村委，2 017户；康城镇5 758亩，9个村委，1 526户；温泉乡

2 347.5亩，7个村委，774户；桃红坡镇1 102亩，3个村委，322户；水头镇6个村委，1 271.5亩，441户。

2. 实施办法

（1）组织培训：4月13日，县农业局组织适宜推广地膜覆盖地区的乡（镇）、村委分管领导、县农业局全体技术人员、基层农技推广示范县项目技术指导员，在县委党校召开了具体工作安排和技术培训会议，要求把当前地膜覆盖任务当成主要任务来抓，争时间、抢速度、保质保量做好此项工作。

（2）核实面积：以村委为单位，对本村进行地膜覆盖的地块逐户核实，地块要求在连片地膜覆盖规划区域内，核实表由村小组、村委会负责人签字盖章后上报县农业局。

（3）村委公示：面积核实表经村委统一核实无误后，填写地膜覆盖供应清册表，并在村级公开栏进行为期7天的公示，公示结束后将公示材料和地膜供应清册表上报县农业局。

（4）统一供应：县采购中心统一采购地膜60.34吨，县农业局与各乡（镇）、村委统一规划，具体以每亩2.5千克的标准发放地膜，要求领取时由村委打收条加盖公章，乡（镇）分管领导签字。

3. 技术措施

（1）整地施肥：亩施优质农家肥2 000～2 500千克，晨雨配方调控肥（23—12—5、23—12—0）肥40～50千克，随秋深耕将农家肥一次性施入，如果没有秋耕，可在来年早春趁墒或雨后早浅耕、施肥、耙耱，精细整地。

（2）选用优种：地膜覆盖具有增温、加快作物生长速度的作用。因此，在选种时，用比露地生育期长5～10天的品种：屯玉24号，适宜孔家庄村、下村、下蒿城村、山神峪村、阳春堡村、贺家庄村、岔口村、庄上村、陈家峪村、蒲依村、丁家垛村、王家庄村、上村、中村、支进村、南庄村、上庄村、赵村种植；铁单20，适宜岭后村、川口村、郭家岭村、桥上村、张家川村、大麦郊村、卜家庄村、响义村、闫家山村、田家洼村、丁家沟村、杨家沟村、炭腰吉村、康城村、铁金村、樊家庄村种植；并单6号，适宜龙神殿村、石口村、西交子村、腰庄村、卫家崖村种植；晋单42，适宜古桑园村、前务城村、石岭后村、下仙村、尚家沟村、南故乡村种植；农大84，适宜郭家掌村、白兑庄村种植。不是一个气候带的村委按实际情况选用正确品种，种子全部选用包衣种子。

（3）种植形式：130厘米（4尺）一带，［65厘米（2尺）盖膜、65厘米（2尺）空地］，膜面60厘米（1.8尺）［80厘米（2.4尺）两边各压10厘米（0.3尺）］，一膜双行，大行距90厘米（2.8尺）（指地膜边行与另一膜边行距），小行距40厘米（1.2尺）（指一膜双行间距），平均行距66厘米（2尺），屯玉24号、铁单20株距33厘米（1尺），亩留苗3 000～3 300株；并单6号株距30厘米（0.9尺），亩留苗3 300～3 500株；晋单42、农大84株距36厘米（1.1尺）左右，亩留苗2 800～3 000株。

（4）选膜覆盖：选用80厘米幅面、透明度好、厚薄均匀的线型超薄微膜或高密度聚乙烯超薄微膜，亩用地膜2.5千克。覆膜时将地膜拉展紧贴地面，将膜边用土压盖严实，膜上每隔5～7米打一土腰带，防风揭膜，盖膜要做到盖早不盖迟、盖湿不盖干、盖肥不盖瘦、盖严不漏风。

（5）播种：覆盖玉米的适宜播期比露地玉米提前 10 天左右，地温稳定在 13℃，气候稳定在 15℃以上，土壤水分在 15%～20%，一般播种期冷凉区为 4 月 28 日～5 月 8 日，温暖区为 4 月 20 日～4 月 30 日，播种时用铺膜点播机铺膜、点播、施肥一次完成。播种深度是 4.0～5.0 厘米，播深一致，出苗整齐，亩用种 2～2.5 千克。

（6）田间管理：检查地膜是否损坏，玉米出苗后在 5～6 片叶时及早定苗，结合定苗要进行中耕锄草，起到疏松土壤、提高地温、减少水分蒸发、促进根系生长和深扎的作用。拔节期（10 叶期）是玉米生长点，第一、二节开始伸长，营养生长旺盛，此时雄穗、雌穗先后进入分化阶段，是决定产量的关键期，结合中耕除草，适当培土，防止后期倒伏。围绕提高降水利用率保障全生育期的需水量，除做好秋深耕、早春浅犁、多耙耱外，主要技术措施应在喇叭口时揭掉覆膜，或者划破地膜，确保自然降水能被植株及时吸收。

（7）病虫害防治：地下害虫用地虫威、辛硫磷颗粒剂 2 千克拌 15～25 千克细土，制成毒饵，顺垄撒施。生长期虫害主要有玉米蚜，红蜘蛛、黏虫、玉米螟。在玉米心叶末期，用 BT 乳油 225 克加水 10 千克，用 50 千克细沙拌匀制成颗粒剂投入喇叭口中，也可兼治玉米蚜和黏虫。玉米红蜘蛛，用扫螨净 15～20 毫升对水 40 千克或用虫螨克 2 000 倍液在拔节期喷雾防治。玉米黑穗病、黑粉病，一旦发现立即拔除病株，带出田间集中深埋。

4. 组织及管理措施　为确保交口县地膜覆盖工程保质保量完成，进一步推进全县农业产业化进程，要求县、乡、村三级紧密配合，同心协力建立健全各项保障体系，为玉米丰产方地膜覆盖项目实施创造良好的条件。

（1）加强组织领导：为切实抓好 2 万亩地膜覆盖落实，交口县成立示范推广工程领导组，组长由副县长王小明担任，副组长由县农业局局长梁启亮、县财政局局长高如星担任，成员由农业局副局长杜芳珍、张建文以及各乡（镇）分管农业的副乡（镇）长担任，主要负责实施面积的部署，落实协调工作，解决实施过程中的问题，并进行督促检查组织验收。

（2）加强技术服务：县农业局抽调技术站站长任明义等 5 名技术专家蹲在点上，扎实做好技术服务工作，认真按照地膜覆盖技术要求抓好落实，确保项目规模化和规范化。一是以办培训班、开现场培训会、印发技术资料等多种形式广泛开展技术培训工作，切实提高广大实施农户的技术水平，使实施农户熟练地掌握和应用主推技术。二是组织技术推广人员深入田间地块，认真做好覆膜技术指导，确保项目实施质量。同时，组织力量抓好宣传动员工作，采取有力措施调动广大农民的积极性，推动项目实施计划全面完成。

（3）严格监督检查：主要检查落实在实施过程中的地膜覆盖面积是否出现不实、虚报，冒领地膜后不覆盖或者覆盖其他作物，如果发现有此类现象要追究有关人员的责任。对完成任务好、有责任性、覆盖效果好的，给予表彰和奖励。这样既保证了覆盖面积、效果的落实，又保证了覆盖质量。

5. 项目实施效果预测　为了推广玉米地膜覆盖种植技术，县农业局在不同地域做不同的对比示范，从对比中见效果。一是在石口乡山神峪村搞了 10 个品种的玉米地膜覆盖对比示范；二是在石口乡石口村进行全膜高起垄品种对比示范；三是在桃红坡镇西交子村做了 6 个品种的地膜高起垄覆盖对比示范和覆盖不覆盖对比示范。7 月 12 日调查，全膜高起垄覆盖，株高 160 厘米，普通地膜覆盖 140 厘米，而不覆盖的株高只有 120 厘米，从目前的长势表现看，全膜高起垄覆盖预计亩产达 576 千克，2 万亩地膜覆盖平均亩产 435 千克左右，而不覆盖的亩产仅有 265 千克。

（1）社会效益：2 万亩玉米丰产方地膜覆盖项目建设，2013 年总产达 870 万千克，覆盖比不覆盖可增产 340 万千克优质玉米，确保了粮食的需求。同时为交口县优质玉米的生产树立了良好的示范样板，起到了良好的示范带动作用。

（2）经济效益：2 万亩玉米丰产方建设，通过新品种、新技术的应用，不仅可以保证产品质量，而且还可以增加产量和降低生产成本。预计每亩和去年相比可增产 67%，总增产 340 万千克，每千克玉米按 2.2 元计算，每亩地增收 374 元，2 万亩玉米总增收 748 万元。

（3）生态效益：该项目的实施，可以提高农民科学种田水平。通过实施玉米丰产方地膜覆盖建设方案，实行病虫害的综合防治技术以及生物肥料和生物农药的应用，一是提高了农民的安全生产意识，减少农田污染；二是提高了土壤有机质含量及土壤的疏松程度，保护生态环境。

案例 3——全村大栽核桃树 家家户户都致富

桃红坡镇和古村位于桃红坡镇北山，全村 230 口人，耕地 1 400 亩。境内属黄土丘陵区，土地肥厚，海拔 1 100 米，年平均气温 8.5℃，年平均降水量 700 毫米，林草覆盖率达 60%。

20 世纪 80 年代，在上级党委政府的正确领导下，党支部、村委会带领全体村民共栽植核桃树 5 万余株，建立核桃苗圃 50 亩，累计培育优种核桃苗 100 万株，仅核桃一项全村人均收入 2 000 元，占人均总收入的 63%，成为全县闻名的依靠核桃致富村。多次受到县政府和县林业部门的表彰奖励，被县林业局命名为全县干果生产示范基地，如今的和古村从沟到梁到处都是核桃树。

1. 支部村委重视，共创富民产业 和古村没有矿产资源，只是漫山遍野的黄土，自古以来祖祖辈辈只能依靠种地为生，全村人一直在贫困线上苦苦挣扎着。改革开放以后，党支部书记王迎春带领支部村委一班人，向群众反复宣讲党的富民政策，经过认真调查研究，把核桃生产作为全村人致富翻身的产业来抓。村里成立了核桃生产领导小组和核桃生产协会。特别是桃红坡镇六届党委、政府上任以后，全村干部群众更加坚定了大抓核桃生产的信心和决心，他们组织全村林业技术骨干先后 3 次到祁县核桃良种场，2 次到汾阳核桃生产先进单位参观学习，使广大干部群众开阔了视野、明确了方向。30 多年来，村里的两委班子换了一届又一届，干部换了一茬又一茬，但全村人死死咬住大力发展核桃生产长抓不懈、一抓到底的奋斗目标始终没有变。

2. 园林化栽培，科学化管理 和古村抓核桃生产，起点高、标准严，大搞园林化栽培。在县、镇两级政府和职能部门的大力支持下开大穴、施大肥，进行规模化、园林化栽培，改变了过去只栽不管的陈规陋习。明确提出要栽好，更要管好，向管理要效益，全村上下抓，即地上（修剪）、地下（土肥水）管理，重点是测土配方合理施肥以及有效防治病虫害。为了把全村人的管理水平提到一个新的高度，核桃生产领导小组还紧密结合本村生产实际编写了《核桃树管理简要》等实用技术资料，供全村人学习，不断培养技术骨干，全村有 37 人嫁接技术精湛，26 人修剪技术过硬。这些技术力量不仅为本村的核桃生产提供了坚实的保障基础，还为周边邻村提供了优质的技术服务。

3. 引进优质良种，注重培育新品　为了使核桃生产紧跟时代脉搏，和古村多次从祁县良种场和汾阳育苗基地引进了大量良种接穗，有辽核 1 号、辽核 3 号、辽核 4 号、中林 1 号、中林 5 号、鲁光、香玲、薄丰、温 185、札 343、晋龙 1 号、晋龙 2 号等十几个品种。经过试验示范，稳步推广，绝大部分品种表现良好，已收到相当可观的经济效益。不仅如此，和古村在大量引进良种的同时，还十分重视培育自己的新品种，原支部书记王迎春经过多年精心筛选，培育出了桃和 1 号、桃和 2 号两个本地新品种。为了满足本村生产和全镇、全县生产需要，和古村从 1995 年起就建立核桃苗圃 50 亩，繁育优种核桃苗 100 万株，成为全县闻名的育苗村。

4. 坚持林粮间作，践行科学发展　和古村人勤劳聪慧，他们在大抓核桃生产的同时，也没有忘记粮食生产，人们问他们为什么这样做，他们总是朴实的说，道理很简单，无粮不稳、无林不富，搞林粮间作，粮食生产和经济效益两不误，最终实现科学发展、农林并进、经济增长、共同致富的目标。

第三节　农业结构调整与适宜性种植

近些年来，交口县农业的发展和产业结构调整工作取得了突出的成绩，但干旱胁迫严重、土壤肥力有所减退、抗灾能力薄弱、生产结构不良等问题仍然十分严重，因此为适应 21 世纪我国农业发展的需要，增强交口县优势农产品参与国际市场竞争的能力，有必要进一步对全县的农业结构现状进行战略性调整，从而促进全县高效农业的发展，实现农民增收。

一、农业结构调整的原则

为适应我国社会主义农业现代化的需要，在调整种植业结构中，遵循下列原则：

一是与国际农产品市场接轨，以增强全县农产品在国际、国内经济贸易的竞争力为原则。

二是以充分利用不同区域的生产条件、技术装备水平及经济基地条件，达到趋利避害、发挥优势的调整原则。

三是以充分利用耕地评价成果，正确处理作物与土壤、作物与作物间的合理调整为原则。

四是采用耕地资源信息管理系统，为区域结构调整的可行性提供宏观决策与技术服务的原则。

五是保持行政村界线的基本完整的原则。

根据以上原则，在今后一般时间内将紧紧围绕农业增效、农民增收这个目标，大力推进农业结构战略性调整，最终提升农产品的市场竞争力，促进农业生产向区域化、优质化、产业化发展。

二、农业结构调整的依据

通过本次对全区种植业布局现状的调查，综合验证，认识到目前的种植业布局还存在许多问题，需要在区域内部加大调整力度，进一步提高生产力和经济效益。

根据此次耕地质量的评价结果，安排全区的种植业内部结构调整，依据不同地貌类型耕地的综合生产能力和土壤环境质量两方面的综合考虑。

一是按照四大不同地貌类型，因地制宜规划，在布局上做到宜农则农、宜林则林、宜牧则牧。

二是按照耕地地力评价出的1~5个等级标准，在各个地貌单元中所代表面积的数值衡量，以适宜作物发挥最大生产潜力来分布，做到高产高效作物分布在1~2级耕地为宜，中低产田应在改良中调整。

三是按照土壤环境的污染状况，在面源污染、点源污染等影响土壤健康的障碍因素中，以污染物质及污染程度确定，做到该退则退，该治理的采取消除污染源及土壤降解措施，达到绿色无公害产品的种植要求，来考虑作物种类的布局。

三、土壤适宜性及主要限制因素分析

交口县土壤因成土母质不同，土壤质地也不一致，发育在黄土及黄土状母质上的土壤质地多是较轻而均匀的壤质土，心土及底土层为黏土。总的来说，交口县的土壤大多为壤质，沙黏含量比较适合，在农业上是一种质地理想的土壤，其性质兼有沙土和黏土之优点，而克服了沙土和黏土之缺点，它既有一定数量的大孔隙，还有较多的毛管孔隙，故通透性好，保水保肥性强，耕性好，宜耕期长，好抓苗，发小苗又养老苗。

因此，综合以上土壤特性，交口县耕地土壤适宜性强，玉米、甘薯等粮食作物及经济作物，如棉花、蔬菜、药材、苹果、葡萄、红枣、核桃等都适宜交口县种植。

但种植业的布局除了受土壤质地作用外，还要受到地理位置、水分条件等自然因素和经济条件的限制。在山地、丘陵等地区，由于此地区沟壑纵横，土壤肥力较低，土壤较干旱，气候凉爽，农业经济条件也较为落后，因此要在管理好现有耕地的基础上，将人力、资金和技术逐步转移到非耕地的开发上，大力发展林、牧业，建立农、林、牧结合的生态体系，使其成为林、牧产品的生产基地。在河流沟谷地区由于土地平坦，是交口县土壤肥力较高的区域，同时其经济条件及农业现代化水平也较高，故应充分利用地理、经济、技术优势，在不放松粮食生产的前提下，积极开展多种经营，实行粮、菜、枣、果全面发展。

在种植业的布局中，必须充分考虑到各地的自然条件、经济条件，合理利用自然资源，对布局中遇到的各种限制因素，应考虑到它影响的范围和改造的可行性，合理布局生产，最大限度地、持久地发掘自然生产潜力，做到地尽其力。

四、种植业布局分区建议

根据交口县种植业布局分区的原则和依据，结合本次耕地地力调查与质量评价结果，将交口县划分为两大种植区，分区概述。

（一）温暖型种植区

该区主要分布于交口县东南部，包括温泉乡、回龙乡、双池镇、桃红坡镇、康城镇的大部分村庄，共45个村庄，区域耕地面积99 671亩。

1. 区域特点　该区地处交口县东南部地区，海拔较低，多在1 200米以下，园田化水平高，交通便利，农业生产条件优越。年平均气温9～12℃。年降水400～500毫米，无霜期120～170天，气候温和，热量充足，农业生产水平较高。该区土壤耕性良好，适种性广，施肥水平较高。该区土壤类型有耕种黄土质褐土性土，耕种红黄土质褐土性土，耕种红土质褐土性土，耕种沟淤山地褐土，耕种沟淤褐土性土，黄土质褐土性土。是交口县的粮、菜、核桃种植区。

区内土壤有机质含量为20.78克/千克，全氮为0.966克/千克，有效磷22.53毫克/千克，速效钾194.25毫克/千克，锰、钼、硼、铁微量元素含量相对偏低，均属省四级水平。

2. 种植业发展方向　该区建设以玉米、优质谷子、大棚蔬菜、核桃基地为主攻方向。大力发展高产高效粮田，扩大蔬菜面积和核桃面积，适当发展红小豆等小杂粮。在现有基础上，优化结构，建立无公害生产基地。

3. 主要保障

（1）加大土壤培肥力度：全面推广多种形式秸秆还田，以增加土壤有机质，改良土壤理化性状。

（2）注重作物合理轮作：坚决杜绝连茬多年种植的习惯。

（3）全力以赴搞好基地建设：通过标准化建设、模式化管理、无害化生产技术应用，使基地取得明显的经济效益和社会效益。

（二）冷凉农作物、药材种植区

该区位于交口县西半部的石口乡、水头镇、桃红坡镇的高山地区。海拔1 200～1 650米。包括全县7个乡（镇）的96个村庄，区域耕地面积314 099.4亩。

1. 区域特点　该区的自然特点是：地势较高，气候寒冷，年平均气温7～9℃，无霜期短，在100～120天。该区主要土壤类型有耕种黄土质山地褐土，耕种黄土质山地灰褐土，耕种红黄土质山地褐土，耕种红土质山地褐土，耕种坡积山地褐土，耕种黑垆土质山地灰褐土。是交口县马铃薯、莜麦、荞麦等小杂粮，油料，药材主产区。该区耕地平均有机质含量19.26克/千克，全氮为0.98克/千克，有效磷24.93毫克/千克，速效钾296.37毫克/千克，微量元素铁属省五级水平，钼、硼属省四级水平，普遍偏低。

2. 种植业发展方向　该区种植业以马铃薯，冷凉区谷子，莜麦、荞麦等小杂粮，胡麻等油料，药材为主。

3. 主要保证措施

（1）玉米、油料良种良法配套，增加产出，提高品质，增加效益。

（2）大面积推广秸秆还田，有效提高土壤有机质含量。

（3）重点建好双池村的日光温室基地，发展无公害果菜，提高市场竞争力。

（4）加强技术培训，提高农民素质。

（5）加强水利设施建设，充分利用引黄工程，千方百计发展浇水面积；加快节水农业种植步伐，扩大地膜覆盖范围，重点扩大全膜覆盖面积。

五、农业远景发展规划

交口县农业的发展，应进一步调整和优化农业结构，全面提高农产品品质和经济效益，建立和完善全县耕地质量信息管理系统，随时服务布局调整，从而有力促进全县农村经济的快速发展。现根据各地的自然生态条件、社会经济技术条件，提出今后发展规划如下：

一是全县粮食占有耕地 25 万亩。

二是稳步发展优质核桃生产，占用耕地 5 万亩。

三是实施无公害生产基地，2012 年优质番茄、辣椒等蔬菜基地发展到 2 万～3 万亩，全面推广绿色蔬菜、果品生产操作规程，配套建设一个储藏、包装、加工、质量检测、信息等设施完备的果品批发市场。

四是集中精力发展牧草养殖业，重点发展圈养牛、羊，力争发展牧草 2 万亩。

综上所述，面临的任务是艰巨的，困难也是很大的，所以要下大力气克服困难，努力实现既定目标。

第四节　主要作物标准施肥系统的建立与
无公害农产品生产对策研究

一、养分状况与施肥现状

（一）全县土壤养分与状况

交口县耕地质量评价结果表明，土壤有机质平均含量 16.86 克/千克，全氮含量 0.69 克/千克，有效磷 8.84 毫克/千克，速效钾 118.45 毫克/千克，有效铜 1.81 毫克/千克，有效锌 1.60 毫克/千克，有效锰 11.49 毫克/千克，有效铁 7.56 毫克/千克，水溶性硼 0.41 毫克/千克。土壤有机质属省二级水平；全氮属省四级水平；有效磷平属省二级水平；速效钾属省二级水平。中微量元素养分含量，硫属省四级水平、有效铜属省三级水平、有效锌属省二级水平、有效硼有效锰属省四级水平、有效铁属省五级水平。

（二）全县施肥现状

农作物平均亩施农家肥 300 千克左右，氮肥（N）平均 17.7 千克，磷肥（P_2O_5）为 9 千克，钾肥（K_2O）为 2 千克。微量元素平均使用量较低，甚至有不施微肥的现象。

二、存在问题及原因分析

1. 有机肥和无机肥施用比例失调 20 世纪 70 年代以来，随着化肥工业发展，化肥的施用量大量增加，但有机肥的施用量却在不断减少。随着农业机械化水平提高，农村大牲畜大量减少，农村人居环境改善，有机肥源不断减少，优质有机肥都进了经济田，耕地有机肥用肥量更少。随着农业机械化水平的进一步提高，玉米等秸秆还田面积增加，土壤有机质有了明显提高。今后土壤有机质的提高主要依靠秸秆还田。据统计，全县平均亩施有机肥不足 500 千克，农民多以无机肥代替有机肥，有机肥和无机肥施用比例失调。

2. 肥料三要素（N、P、K）施用比例失调 第二次土壤普查后，全县根据普查结果，氮少磷缺钾有余的土壤养分状况提出增氮增磷不施钾的施肥策略，所以一直按照氮磷 1∶1 的比例施肥，亩施碳酸氢铵 50 千克，普钙 50 千克。10 多年来，土壤养分发生了很大变化，土壤有效磷显著提高。据此次调查，所施肥料中的氮、磷、钾养分比例多不适合作物要求，未起到调节土壤养分状况的作用。根据全县农作物的种植和产量情况，现阶段氮、磷、钾化肥的适宜比例应为 1∶0.56∶0.16，而调查结果表明，实际施用比例为 1∶0.5∶0.1，并且肥料施用分布极不平衡，高产田比例低于中低产田，部分旱地地块不施磷钾肥，这种现象制约了化肥总体利用率的提高。

3. 化肥用量不当 耕地化肥施用不合理。在大田作物施肥上，人们往往注重高产田投入，而忽视中低产田投入，产量越高、施肥量越大，产量越低、施肥量越小，甚至白茬下种。因而造成高产地块肥料浪费，而中低产田产量不高。据调查，高产田化肥施用总量达 100 千克以上，而中低产田亩用量不足 50 千克。这种化肥的不合理分配，直接影响化肥的经济效益和无公害农产品的生产。

4. 化肥施用方法不当

（1）氮肥浅施、表施：这几年，在氮肥施用上，广大农民为了省时、省力，将碳酸氢铵、尿素撒于地表，旋耕犁旋耕入土，甚至有些用户施后不及时覆土，造成一部分氮素挥发损失，降低了肥料的利用率，有些还造成铵害，烧伤植物叶片。

（2）磷肥撒施：由于大多群众对磷肥的性质了解较少，普遍将磷肥撒施、浅施，作物不能吸收利用，并且造成磷固定，降低了磷的利用率和当季施用肥料的效益。据调查，全县磷肥撒施面积达 60% 左右。

（3）复合肥施用不合理：在黄瓜、辣椒、番茄等种植比例大的蔬菜上，复合肥料和磷酸二铵使用比例很大，从而造成盲目施肥和磷钾资源的浪费。

（4）中高产田忽视钾肥的施用：针对第二次土壤普查结果，土壤速效钾含量较高，有十年左右的时间 80% 的耕地仅施用氮、磷两种肥料，造成土壤钾素消耗日趋严重。农产品产量和品质受到严重影响。随着种植业结构的进一步调整，作物由单独追求产量变为质量和产量并重，钾肥越来越表现出提质增产的效果。

以上各种问题，随着测土配方施肥项目的实施逐步得到解决。

三、化肥施用区划

（一）目的和意义

根据交口县不同区域、地貌类型、土壤类型的土壤养分状况、作物布局、当前化肥使用水平和历年化肥试验结果进行了统计分析和综合研究，按照全县不同区域化肥肥效的规律，39.56 万亩耕地共划分为温暖型种植区，面积 99 671 亩；冷凉区农作物主要是小杂粮，药材等，包括水头镇、石口乡、桃红坡等乡（镇）的冷凉地区、高山丘陵区，共 96 个村，面积 314 099.4 亩。提出不同区域氮、磷、钾化肥的使用标准。为全县今后一段时间合理安排化肥生产、分配和使用，特别是为改善农产品品质，因地制宜调整农业种植布局，发展特色农业，保护生态环境，生产绿色无公害农产品，促进可持续农业的发展提供科学依据，使化肥在全县农业生产发展中发挥更大的增产、增收、增效作用。

（二）分区原则与依据

1. 原则

（1）化肥用量、施用比例和土壤类型及肥效的相对一致性。

（2）土壤地力分布和土壤速效养分含量的相对一致性。

（3）土地利用现状和种植区划的相对一致性。

（4）行政区划的相对完整性。

2. 依据

（1）农田养分平衡状况及土壤养分含量状况。

（2）作物种类及分布。

（3）土壤地理分布特点。

（4）化肥用量、肥效及特点。

（5）不同区域对化肥的需求量。

（三）分区和命名方法

化肥区划分为两个级区，Ⅰ级区反映不同地区化肥施用的现状和肥效特点，Ⅱ级区根据现状和今后农业发展方向，提出对化肥合理施用的要求。Ⅰ级区按地名＋主要土壤类型＋氮肥用量＋磷肥用量＋钾肥肥效结合的命名法而命名。氮肥用量按每季作物每亩平均施 N 量，划分为高量区（10 千克以上）、中量区（7.6～10 千克）、低量区（5.1～7.5 千克）、极低量区（5 千克以下）；磷肥用量按每季作物每亩平均施用 P_2O_5 划分为高量区（7.5 千克以上）、中量区（5.1～7.5 千克）、低量区（2.6～5 千克）、极低量区（2.5 千克以下）；钾肥肥效按每千克 K_2O 增产粮食千克数划分为高效区（5 千克以上）、中效区（3.1～5 千克）、低效区（1.1～3.1 千克）、未显效区（1 千克以下）。Ⅱ级区按地名地貌＋作物布局＋化肥需求特点的命名法命名。根据农业生产指标，对今后氮、磷、钾的需求量，分为增量区（需较大幅度增加用量，增加量大于 20%）、补量区（需少量增加用量，增加量小于 20%）、稳量区（基本保持现有用量）、减量区（降低现有用量）。

1. 统一规划，着眼布局　化肥使用区划意见，对交口县农业生产及发展起着整体指导和调节作用，使用当中要宏观把握，明确思路。以地貌类型和土壤类型及行政区域划分的 30 个化肥肥效一级区和 50 个化肥合理施肥二级区在肥效与施肥上基本保持一致。具体到各区、各地因受不同地形部位和不同土壤亚类的影响，在施肥上不能千篇一律、死搬硬套，以化肥使用区划为标准，结合当地实际情况确定合理科学的施肥量。

2. 因地制宜，节本增效 全县地形复杂，土壤肥力差异较大，各区在化肥使用上一定要本着因地制宜、因作物制宜、节本增效的原则。通过合理施肥及相关农业措施，不仅要达到节本增效的目的，而且要达到用养结合、培肥地力的目的，变劣势为优势。对坡度较大的丘陵、沟壑和山前倾斜平原区要注意防治水土流失，施肥上要少量多次，修整梯田，建设"三保田"。

3. 秸秆还田、培肥地力 运用合理施肥方法，大力推广秸秆还田，提高土壤肥力，增加土壤团粒结构，提高化肥利用率，同时合理轮作倒茬、用养结合。旱地氮肥"一炮轰"，水地底施 1/2，追施 1/2。磷肥集中深施，褐土地钾肥分次施，有机无机相结合，氮磷钾微相结合。

总之，要科学合理施用化肥，以提高化肥利用率为目的，达到增产、增收、增效。

四、无公害农产品生产与施肥

无公害农产品是指产地环境、生产过程和产品质量均符合国家有关标准的规范和要求，经认证合格、获得认证证书并允许使用无公害农产品标志的未经加工或初加工的农产品。根据无公害农产品标准要求，针对全县耕地质量调查中存在的问题，发展无公害农产品，施肥中应注意以下几点。

（一）选用优质农家肥

农家肥是指含有大量生物物质、动植物残体、排泄物、生物废物等有机物质的肥料。在无公害农产品的生产中，一定要选用足量的经过无害化处理的堆肥、沤肥、厩肥、饼肥等优质农家肥作基肥。确保土壤肥力逐年提高，满足无公害农产品的生产。

（二）选用合格商品肥

商品肥料有精制有机肥料、有机无机复混肥料、无机肥料、腐殖酸类肥料、微生物肥料等。生产无公害农产品时一定要选用合格的商品肥料。

（三）改进施肥技术

1. 调控化肥用量 这几年，随着农业结构调整，种植业结构发生了很大变化，经济作物面积扩大，因而造成化肥用量持续提高，不同作物之间施肥量差距不断扩大。因此，要调控化肥用量，避免施肥两极分化，尤其是控制氮肥用量，努力提高化肥利用率，减少化肥损失或造成农田环境污染。

2. 调整施肥比例 首先，将有机肥和无机肥比例逐步调整到 1∶1，充分发挥有机肥料在无公害农产品生产中的作用。其次，实施补钾工程，根据不同作物、不同土壤合理施用钾肥，合理调整 N、P、K 比例，发挥钾肥在无公害农产品生产中的作用。

3. 改进施肥方法 施肥方法不当易造成肥料损失浪费、土壤及环境污染，影响作物生长，所以施肥方法一定要科学，氮肥要深施，减少地面熏伤，忌氯作物不施或少施含氯肥料。因地、因作物、因肥料确定施肥方法，生产优质、高产无公害农产品。

五、不同作物的科学施肥标准

针对交口县农业生产基本条件，种植作物种类、产量、土壤肥力及养分含量状况，无公害农产品生产施肥总的思路是：以节本增效为目标，立足抗旱栽培，着眼于优质、高产、高效、安全农业生产，着力于提高肥料利用率，采取控氮、稳磷、补钾、配微的原则，在增施有机肥和保持化肥施用总量基本平衡的基础上，合理调整养分比例，普及科学施肥方法，积极试验和示范微生物肥料。

根据交口县施肥总的思路，提出全县主要作物施肥标准如下。

1. 玉米 高水肥地，亩产 600 千克以上，亩施氮肥（N）为 16～18 千克、磷肥（P_2O_5）为 10～11 千克、钾肥（K_2O）为 5 千克；中水肥地，亩产 500～600 千克，亩施氮肥（N）为 12～13 千克、磷肥（P_2O_5）为 8～9 千克、钾肥（K_2O）为 3～5 千克；亩产 400～500 千克以下，亩施氮肥（N）为 8～10 千克、磷肥（P_2O_5）为 5～6 千克、钾肥（K_2O）为 2～3 千克。

2. 蔬菜 叶菜类：如白菜、韭菜等，一般亩产 3 000～4 000 千克，亩施有机肥 3 000千克以上，亩施氮肥（N）为 10～15 千克、磷肥（P_2O_5）为 5～8 千克、钾肥（K_2O）为 5～8 千克。果菜类：如番茄、黄瓜等，一般亩产 5 000～6 000 千克，亩施氮肥（N）为 20～30 千克、磷肥（P_2O_5）为 10～15 千克、钾肥（K_2O）为 25～30 千克。

3. 马铃薯 亩产 2 500 千克以上，亩施氮肥（N）为 30～40 千克、磷肥（P_2O_5）为 15～20 千克、钾肥（K_2O）为 30～40 千克；亩产 2 500 千克以下，亩施氮肥（N）为 15～30 千克、磷肥（P_2O_5）为 10～15 千克、钾肥（K_2O）为 20～30 千克。

第五节　耕地质量管理对策

耕地地力调查与质量评价成果为全县耕地质量管理提供了依据，成为交口县农业可持续发展的核心内容。

一、建立依法管理体制

（一）工作思路

以发展优质高效、生态、安全农业为目标，以耕地质量动态监测管理为核心，以土壤地力改良利用为重点，通过农业种植业结构调查，合理配置现有农业用地，逐步提高耕地地力水平，满足人民日益增长的农产品需求。

（二）建立完善的行政管理机制

1. 制定总体规划 坚持"因地制宜、统筹兼顾，局部调整、挖掘潜力"的原则，制订交口县耕地地力建设与土壤改良利用总体规划，实行耕地用养结合，划定中低产田改良利用范围和重点，分区制订改良措施，严格统一组织实施。

2. 建立以法保障体系 制订并颁布《交口县耕地质量管理办法》，设立专门监测管理机构，县、乡、村三级设定专人监督指导，分区布点，建立监控档案，依法检查污染区域项目治理工作，确保工作高效到位。

3. 加大资金投入　县政府要加大资金支持力度，县财政每年从农发资金中列支专项资金，用于全县中低产田改造和耕地污染区域综合治理，建立财政支持下的耕地质量信息网络，推进工作有效开展。

（三）强化耕地质量技术实施

1. 提高土壤肥力　组织县、乡农业技术人员实地指导，组织农户合理轮作，平衡施肥，安全施药、施肥，推广秸秆还田、种植绿肥、施用生物菌肥，多种途径提高土壤肥力，降低土壤污染，提高土壤质量。

2. 改良中低产田　实行分区改良、重点突破。灌溉改良区重点抓好灌溉配套设施的改造、节水浇灌、挖潜增灌、引黄扩灌、扩大浇水面积，丘陵、山区中低产田要广辟肥源，深耕保墒，轮作倒茬，粮草间作，扩大植被覆盖率，修整梯田，达到增产增效的目标。

二、建立和完善耕地质量监测网络

随着交口县工业化进程的不断加快，工业污染日益严重，在重点工业生产区域建立耕地质量监测网络已迫在眉睫。

1. 设立组织机构　耕地质量监测网络建设，涉及环保、土地、水利、经贸、农业等多个部门，需要县政府协调支持，成立依法行政管理机构。

2. 配置监测机构　由县政府牵头，各职能部门参与，组建交口县耕地质量监测领导组，在县环保局下设办公室，设定专职领导与工作人员，建立企业治污工程体系，制订工作细则和工作制度，强化监测手段，提高行政监测效能。

3. 加大宣传力度　采取多种途径和手段，加大《环保法》宣传力度，在重点污排企业及周围乡村印刷宣传广告，大力宣传环境保护政策及科普知识。

4. 监测网络建立　在交口县依据这次耕地质量调查评价结果，划定安全、非污染、轻污染、中度污染、重污染 5 大区域，每个区域确定 10～20 个点，定人、定时、定点取样监测检验。填写污染情况登记表，建立耕地质量监测档案。对污染区域的污染源，要查清原因，由县耕地质量监测机构依据检测结果，强制污染企业限期限时达标治理。对未能限期达标企业，一律实行关停整改，达标后方可生产。

5. 加强农业执法管理　由县农业、环保、质检行政部门组成联合执法队伍，宣传农业法律知识，对市场化肥、农药实行市场统一监控、统一发布，将假冒农用物资一律依法查封销毁。

6. 改进治污技术　对不同污染企业采取烟尘、污水、污渣分类科学处理转化。对工业污染河道及周围农田，采取有效的物理、化学降解技术，降解铅、镉及其他重金属污染物。并在河道两岸 50 米栽植花草、林木，净化河水，美化环境。对化肥、农药污染农田，要划区治理，积极利用农业科研成果，组成科技攻关组，引进降解试剂，逐步消解污染物。

7. 推广农业综合防治技术　在增施有机肥降解大田农药、化肥及垃圾废弃物污染的同时，积极宣传推广微生物菌肥，以改善土壤的理化性状，改变土壤溶液酸碱度，改善土壤团粒结构，减轻土壤板结，提高土壤保水、保肥性能。

三、农业税费政策与耕地质量管理

目前，农业税费改革政策的出台必将极大调整农民的粮食生产积极性，成为耕地质量恢复与提高的内在动力，对交口县耕地质量的提高具有以下作用。

1. 加大耕地投入，提高土壤肥力 目前，交口县丘陵面积大，中低产田分布区域广，粮食生产能力较低。税费改革政策的落实有利于提高单位面积耕地养分投入水平，逐步改善土壤养分含量，改善土壤理化性状，提高土壤肥力，保障粮食产量恢复性增长。

2. 改进农业耕作技术，提高土壤生产性能 农民积极性的调动，成为耕地质量提高的内在动力，将促进农民平田整地、耙耱保墒，加强耕地机械化管理，缩减中低产田面积，提高耕地地力等级水平。

3. 采用先进农业技术，增加农业比较效益 采取有机旱作农业技术，合理优化适栽技术，加强田间管理，节本增效，提高农业比较效益。

农民以田为本，以田谋生，农业税费政策出台以后，土地属性发生变化，农民由有偿支配变为无偿使用，耕地成为农民家庭财富的一部分，对农民增收和国家经济发展将起到积极的推动作用。

四、扩大无公害农产品生产规模

在国际农产品质量标准市场一体化的形势下，扩大交口县无公害农产品生产规模成为满足社会消费需求和农民增收的关键。

（一）理论依据

综合评价结果，耕地污染的占 0%，果园污染的占 0%，适合生产无公害农产品，适宜发展绿色农业生产。

（二）扩大生产规模

在交口县发展绿色无公害农产品，扩大生产规模，要以耕地地力调查与质量评价结果为依据，充分发挥区域比较优势，合理布局，规模调整。一是粮食生产上，在全县发展无公害优质玉米 5 万亩、小杂粮 2 万亩、谷子 1 万亩。二是在蔬菜生产上，发展无公害蔬菜 1 万亩。三是在干果生产上，发展无公害核桃 5 万亩。

（三）配套管理措施

1. 建立组织保障体系 设立交口县无公害农产品生产领导组，下设办公室，地点在县农业委员会。组织实施项目列入县政府工作计划，单列工作经费，由县财政负责执行。

2. 加强质量检测体系建设 成立县级无公害农产品质量检验技术领导组，县、乡下设两级监测检验网点，配备设备及人员，制订工作流程，强化监测检验手段，提高检测检验质量，及时指导生产基地技术推广工作。

3. 制订技术规程 组织技术人员建立交口县无公害农产品生产技术操作规程，重点抓好平衡施肥，合理施用农药，细化技术环节，实现标准化生产。

4. 打造绿色品牌 重点实施好无公害粮食、蔬菜、核桃等生产。

五、加强农业综合技术培训

自 20 世纪 80 年代起，交口县就建立起县、乡、村三级农业技术推广网络。县农业技术推广中心牵头，搞好技术项目的组织与实施，负责划区技术指导，行政村配备 1 名科技副村长，在全县设立农业科技示范户。先后开展了粮食、蔬菜、核桃、中药材、甘薯等优质高产高效生产技术培训，推广了旱作农业、生物覆盖、玉米地膜覆盖、高产创优工程及设施蔬菜"四位一体"综合配套技术。

现阶段，交口县农业综合技术培训工作一直保持领先，有机旱作、测土配方施肥、节水灌溉、生态沼气、无公害蔬菜生产技术推广已取得明显成效。充分利用这次耕地地力调查与质量评价，主抓以下几方面技术培训：①宣传加强农业结构调整与耕地资源有效利用的目的及意义。②全县中低产田改造和土壤改良相关技术推广。③耕地地力环境质量建设与配套技术推广。④绿色无公害农产品生产技术操作规程。⑤农药、化肥安全施用技术培训。⑥农业法律、法规、环境保护相关法律的宣传培训。

通过技术培训，使交口县农民掌握必要的知识与生产实用技术，推动耕地地力建设，提高农业生态环境、耕地质量环境的保护意识，发挥主观能动性，不断提高全县耕地地力水平，以满足日益增长的人口和物资生活需求，为全面建设小康社会打好农业发展基础。

第六节 耕地资源信息管理系统的应用

耕地资源信息管理系统以一个县行政区域内的耕地资源为管理对象，应用 GIS 技术，对辖区内的地形、地貌、土壤、土地利用、农田水利、土壤污染、农业生产基本情况、基本农田保护区等资料进行统一管理，构建耕地资源基础信息系统，并将其数据平台与各类管理模型结合，对辖区内的耕地资源进行系统的动态管理，为农业决策、农民和农业技术人员提供耕地质量动态变化规律、土壤适宜性、施肥咨询、作物营养诊断等多方位的信息服务。

本系统行政单元为村，农业单元为基本农田保护块，土壤单元为土种，系统基本管理单元为土壤、基本农田保护块、土地利用现状图叠加所形成的评价单元。

一、领导决策依据

这次耕地地力调查与质量评价直接涉及耕地自然要素、环境要素、社会要素及经济要素 4 个方面，为耕地资源信息管理系统的建立与应用提供了依据。通过全县生产潜力评价、适宜性评价、土壤养分评价、科学施肥、经济性评价、地力评价及产量预测，及时指导农业生产的发展，为农业技术推广应用作好信息发布，为用户需求分析及信息反馈打好基础。主要依据：一是全县耕地地力水平和生产潜力评估为农业发展远期规划和全面建设小康社会提供了保障。二是耕地质量综合评价，为领导提供了耕地保护和污染修复的基本思路，为建立和完善耕地质量监测网络提供了方向。三是耕地土壤适宜性及主要限制因素分析为全县农业结构调整提供了依据。

二、动态资料更新

这次交口县耕地地力调查与质量评价中，耕地土壤生产性能主要包括地形部位、土体构型、较稳定的物理性状、易变化的化学性状、农田基础建设5个方面。耕地地力评价标准体系与1984年土壤普查技术标准出现部分变化，耕地要素中基础数据有大量变化，为动态资料更新提供了新要求。

（一）耕地地力动态资源内容更新

1. 评价技术体系有较大变化 这次调查与评价主要运用了"3S"评价技术。在技术方法上，采用文字评述法、专家经验法、模糊综合评价法、层次分析法、指数和法。在技术流程上，应用了叠加法确定评价单元，空间数据与属性数据相连接，采用德尔菲法和模糊综合评价法，确定评价指标，应用层次分析法确定各评价因子的组合权重，用数据标准化计算各评价因子的隶属函数并将数值进行标准化，应用了累加法计算每个评价单元的耕地力综合评价指数。分析综合地力指数，分别划分地力等级，将评价的地方等级归入农业部地力等级体系，采取GIS、GPS系统编绘各种养分图和地力等级图等图件。

2. 评价内容有较大变化 除原有地形部位、土体构型等基础耕地地力要素相对稳定以外，土壤物理性状、易变化的化学性状、农田基础建设等要素变化较大，尤其是土壤容重、有机质、pH、有效磷、速效钾指数变化明显。

3. 增加了耕地质量综合评价体系 土样、水样化验检测结果为全县绿色、无公害农产品基地建立和发展提供了理论依据。图件资料的更新变化，为今后全县农业宏观调控提供了技术准备，空间数据库的建立为全县农业综合发展提供了数据支持，加速了全县农业信息化快速发展。

（二）动态资料更新措施

结合这次耕地地力调查与质量评价，交口县及时成立技术指导组，确定专门技术人员，从土样采集、化验分析、数据资料整理编辑、计算机网络连接畅通，保证了动态资料更新及时、准确，提高了工作效率和质量。

三、耕地资源合理配置

（一）目的意义

多年来，交口县耕地资源盲目利用、低效开发、重复建设情况十分严重，随着农业经济发展方向的不断延伸，农业结构调整缺乏借鉴技术和理论依据。这次耕地地力调查与质量评价成果对指导全县耕地资源合理配置，逐步优化耕地利用质量水平，对提高土地生产性能和产量水平具有现实意义。

交口县耕地资源合理配置思路是：以确保粮食生产安全为前提，以耕地地力质量评价成果为依据，以统筹协调发展为目标，用养结合、因地制宜、内部挖潜，发挥耕地最大生产效益。

（二）主要措施

1. 加强组织管理，建立健全工作机制　县政府要组建耕地资源合理配置协调管理工作体系，由农业、土地、环保、水利、林业等职能部门分工负责，密切配合，协同作战。技术部门要抓好技术方案的制订和技术宣传培训工作。

2. 加强农田环境质量检测，抓好布局规划　将企业列入耕地质量检测范围。企业要加大资金投入和技术改造力度，降低"三废"对周围耕地的污染，因地制宜大力发展绿色无公害农产品优势生产基地。

3. 加强耕地保养利用，提高耕地地力　依照耕地地力等级划分标准，划定全县耕地地力分布界限，推广平衡施肥技术，加强农田水利基础设施建设。平田整地，淤地打坝，加强中低产田改良。植树造林，扩大植被覆盖面，防止水土流失，提高梯（园）田化水平。采用机械耕作，加深耕层，熟化土壤，改善土壤理化性状，提高土壤保水保肥能力。划区制订技术改良方案，将全县耕地地力水平分级划分到村、到户，建立耕地改良档案，定期定人检查验收。

4. 重视粮食生产安全，加强耕地利用和保护管理　根据全县农业发展远景规划目标，要十分重视耕地利用保护与粮食生产之间的关系。人口不断增长，耕地逐年减少，要解决好建设与吃饭的关系，合理利用耕地资源，实现耕地总面积动态平衡，解决人口增长与耕地之间的矛盾，实现农业经济和社会可持续发展。

总之，耕地资源配置，主要是各土地利用类型在空间上的整体布局；另一层含义是指同一土地利用类型在某一地域中是分散配置还是集中配置。耕地资源空间分布结构折射出其地域特征，而合理的空间分布结构可在一定程度上反映自然生态和社会经济系统间的协调程度。耕地的配置方式，对耕地产出效益的影响截然不同，经过合理配置，农村耕地相对集中，既利于农业管理，又利于减少投工投资，耕地的利用率将有较大提高。

一是严格执行《基本农田保护条例》，增加土地投入，大力改造中低产田，使农田数量与质量稳步提高。二是园地面积要适当调整，淘汰劣质果园，发展优质果品生产基地。三是林草地面积适量增长，加大四荒拍卖开发力度，种草植树，搞好河道、滩涂地有效开发，增加可利用耕地面积，加大小流域综合治理，在搞好耕地整治规划的同时，治山治坡、改土造田、基本农田建设与农业综合开发结合进行。要采取措施，严控企业占地，严控农村宅基地占用一级、二级耕地，加强废旧砖窑和农村废弃宅基地的返田改造，盘活耕地存量调整，"开源"与"节流"并举，加快耕地使用制度改革，实行耕地使用证发放制度，促进耕地资源的有效利用。

四、土、肥、水、热资源管理

（一）基本状况

交口县耕地自然资源包括土、肥、水、热资源。它是在一定的自然和农业经济条件下逐渐形成的，其利用及变化受自然、社会、经济、技术条件的影响和制约。自然条件是耕地利用的基本要素。热量与降水是气候条件最活跃的因素，对耕地资源影响较为深刻，不仅影响耕地资源类型的形成，更重要的是直接影响耕地的开发程度、利用方式、作物种植、耕作制度等方面。土壤肥力则是耕地地力与质量水平基础的反映。

1. 光热资源　交口县属中温带大陆性季风气候，四季分明，冬季寒冷干燥，夏季炎热多雨。年均气温为 6.7℃，7 月最热，平均气温达 19℃，极端最高气温达 33℃；1 月最冷，平均气温－7.7℃，最低气温－23.1℃。县域热量资源丰富，大于 0℃的积温为 3 025.0℃，稳定在 10℃以上的积温 2 390.8℃。历年平均日照时数为 2 627 小时，无霜期 140～181 天。

2. 降水与水文资源　交口县年平均降水量为 618 毫米，不同地形间水量分布规律：西北部的水头镇年平均降水量为 603.1 毫米；南部康城镇地区降水量 581.6 毫米以上，东南部的双池乡地区年降水量在 516.9 毫米；东部水头镇地区年平均降水量为 533.8 毫米。年度间全县降水量差异较大，季节性分布明显，主要集中在 7 月、8 月、9 月这 3 个月，占年总降水量 63.6%左右。

3. 土壤肥力水平　交口县耕地地力平均水平较低，依据《山西省中低产田类型划分与改良技术规程》，分析评价单元耕地土壤主要障碍因素，将交口县耕地地力等级的 3～5 级归并为 2 个中低产田类型，总面积 274 983.48 亩，占总耕地面积的 69.51%，主要分布于吕梁山前洪积扇上部和峨嵋岭顶部、二级阶地、吕梁山前洪积扇中下部、峨嵋岭丘陵区。全县耕地土壤类型为褐土、粗骨土、红黏土三大类，其中褐土分布面积较广，约占 91.17%，粗骨土约占 7.14%，红黏土约占 1.01%。全县土壤质地较好，主要分为沙壤土、轻壤土、中壤土、轻黏土、重黏土几种类型，其中轻壤土占 89%左右。土壤 pH 在 7.73～8.90，平均为 8.31。

（二）管理措施

在交口县建立土壤、肥力、水、热资源数据库，依照不同区域土、肥、水、热状况，分类、分区划定区域，设立监控点位，定人、定期填写检测结果，编制档案资料，形成连续性的综合数据资料，有利于指导全县耕地地力恢复性建设。

五、科学施肥体系的建立

交口县平衡施肥工作起步较早，最早始于 20 世纪 70 年代末定性的氮磷配合施肥，80 年代初为半定量的初级配方施肥。90 年代以来，有步骤定期开展土壤肥力测定，逐步建立了适合全县不同作物、不同土壤类型的施肥模式。在施肥技术上，提倡"增施有机肥，稳施氮肥，增施磷肥，补施钾肥，配施微肥和生物菌肥"。

根据交口县耕地地力调查结果看，土壤有机质含量有所回升，平均含量为 16.86 克/千克，属省三级水平，比第二次土壤普查 9.95 克/千克，提高了 6.91 克/千克；全氮平均含量 0.69 克/千克，属省五级水平，比第二次土壤普查下降了 0.11 克/千克；有效磷平均含量为 8.84 克/千克，属省四级水平，比第二次土壤普查提高 1.88 克/千克。速效钾平均含量为 118.45 毫克/千克，比第二次土壤普查提高 21.45 毫克/千克。

1. 调整施肥思路　以节本增效为目标，立足抗旱栽培，着力提高肥料利用率，采取"增氮、稳磷、补钾、配微"的原则，坚持有机肥与无机肥相结合，合理调整养分比例，按耕地地力与作物类型分期供肥，科学施用。

2. 施肥方法

①因土施肥。不同土壤类型保肥、供肥性能不同。对全县黄土台垣丘陵区旱地，土壤的土体构型为通体壤或"蒙金型"，一般将肥料作基肥一次施用效果最好；对汾河两岸的沙土、夹沙土等构型土壤，肥料特别是钾肥应少量多次施用。

②因品种施肥。肥料品种不同，施肥方法也不同。对碳酸氢铵等易挥发性化肥，必须集中深施并覆盖土，施肥深度一般为 10～20 厘米，硝态氮肥易流失，宜作追肥，不宜大水漫灌；尿素为高浓度中性肥料，作底肥和叶面喷肥效果最好，在旱地做基肥集中条施。磷肥易被土壤固定，常作基肥和种肥，要集中沟施，且忌撒施土壤表面。

③因苗施肥。对基肥充足，作物生长旺盛的田块，要少量控制氮肥，少追或推迟追肥时期；对基肥不足，作物生长缓慢的田块，要施足基肥，多追或早追氮肥；对后期生长旺盛的田块，要控氮、补磷、施钾。

3. 选定施用时期　因作物选定施肥时期。小麦追肥宜选在拔节期，叶面喷肥选在孕穗期和扬花期。玉米追肥宜选在拔节期和大喇叭口期，同时可采用叶面喷施锌肥，棉花追肥选在蕾期和花铃期。

在作物喷肥时间上，要看天气施用，要选无风、晴朗天气，早上 8～9 点以前或下午 4 点以后喷施。

4. 选择适宜的肥料品种和合理的施用量施肥　在品种选择上，增施有机肥、高温堆沤积肥、生物菌肥；严格控制硝态氮肥施用，忌在忌氯作物上施用氯化钾，提倡施用硫酸钾肥，补施铁肥、锌肥、硼肥等微量元素化肥。在化肥用量上，要坚持无害化施用原则，一般菜田，亩施腐熟农家肥 3 000～5 000 千克、尿素 25～30 千克、磷肥 40 千克、钾肥 10～15 千克。日光温室以番茄为例，一般亩产 6 000 千克，亩施有机肥 4 500 千克、氮肥（N）25 千克、磷肥（P_2O_5）23 千克、钾肥（K_2O）16 千克，配施适量硼、锌等微量元素。

六、信息发布与咨询

耕地地力与质量信息发布与咨询，直接关系到耕地地力水平的提高，关系到农业结构调整与农民增收目标的实现。

（一）体系建立

以交口县农业技术部门为依托，在省、市农业技术部门的支持下，建立耕地地力与质量信息发布咨询服务体系。建立相关数据资料展览室，将全县土壤、土地利用、农田水利、土壤污染、基本农业田保护区等相关信息融入计算机网络之中。充分利用县、乡两级农业信息服务网络，对辖区内的耕地资源进行系统的动态管理，为农业生产和结构调整提供耕地质量动态变化、土壤适宜性、施肥咨询、作物营养诊断等多方位的信息服务。在乡、村建立专门试验示范生产区，专业技术人员要做好协助指导管理，为农户提供技术、市场、物资供求信息，定期记录监测数据，实现规范化管理。

（二）信息发布与咨询服务

1. 农业信息发布与咨询　重点抓好小麦、蔬菜、水果、中药材等适栽品种供求动态、适栽管理技术、无公害农产品化肥和农药科学施用技术、农田环境质量技术标准的入户宣传，编制通俗易懂的文字、图片资料发放到每家每户。

2. 开辟空中课堂抓宣传 充分利用覆盖全县的电视传媒信号，定期做好专题资料宣传，设立信息咨询服务电话热线，及时解答和解决农民提出的各种疑难问题。

3. 组建农业耕地环境质量服务组织 在全县乡村选拔科技骨干及科技副村长，统一组织耕地地力与质量建设技术培训，组成农业耕地地力与质量管理服务队，建立奖罚机制，鼓励他们谏言献策，提供耕地地力与质量方面的信息和技术思路，服务于全县农业发展。

4. 建立完善执法管理机构 成立由县土地、环保、农业等行政部门组成的综合行政执法决策机构，加强对全县农业环境的执法保护。开展农资市场打假，依法保护利用土地，监控企业污染，净化农业发展环境。同时配合宣传相关法律、法规，让群众家喻户晓，自觉接受社会监督。

第七章 耕地地力评价与测土配方施肥

第一节 测土配方施肥的原理与方法

一、测土配方施肥的含义

测土配方施肥是以肥料田间试验、土壤测试为基础，根据作物需肥规律、土壤供肥性能和肥料效应，在合理施用有机肥料的基础上，提出氮、磷、钾及中、微量元素等肥料的施用品种、数量、施肥时期和施肥方法。通俗地讲，就是在农业科技人员指导下科学施用配方肥。测土配方施肥技术的核心是调整和解决作物需肥与土壤供肥之间的矛盾。同时有针对性地补充作物所需的营养元素，作物缺什么元素就补充什么元素、需要多少补充多少，实现各种养分平衡供应，满足作物的需要。达到增加作物产量、改善农产品品质、节省劳力、节支增收的目的。

二、应用前景

土壤有效养分是作物营养的主要来源，施肥是补充和调节土壤养分数量与补充作物营养最有效的手段之一。作物因种类、品种、生物学特性、气候条件以及农艺措施等诸多因素的影响，其需肥规律差异较大。因此，及时了解不同作物种植土壤中的土壤养分变化情况，对于指导科学施肥具有重要的现实意义。

测土配方施肥是一项应用性很强的农业科学技术，在农业生产中大力推广应用，对促进农业增效、农民增收具有十分重要的意义。通过测土配方施肥的实施，能达到5个目标。一是节肥增产，在合理施用有机肥的基础上，提出合理的化肥投入量，调整养分配比，使作物产量在原有的基础上能最大限度地发挥其增产潜能。二是提高农产品品质，通过田间试验和土壤养分化验，在掌握土壤供肥状况，优化化肥投入的前提下，科学调控作物所需养分的供应，达到改善农产品品质的目标。三是提高肥效，在准确掌握土壤供肥特性，作物需肥规律和肥料利用率的基础上，合理设计肥料配方，从而达到提高产投比和增加施肥效益的目标。四是培肥改土，实施测土配方施肥必须坚持用地与养地相结合、有机肥与无机肥相结合，在逐年提高作物产量的基础上，不断改善土壤的理化性状，达到培肥和改良土壤，提高土壤肥力和耕地综合生产能力，实现农业可持续发展。五是生态环保，实施测土配方施肥，可有效地控制化肥特别是氮肥的投入量，提高肥料利用率，减少肥料的面源污染，避免因施肥引起的富营养化，实现农业高产和生态环保相协调的目标。

三、测土配方施肥的依据

（一）土壤肥力是决定作物产量的基础

土壤肥力是土壤的基本属性和本质特征，是土壤从养分条件和环境条件方面，供应和协调作物生长的能力。土壤肥力是土壤的物理、化学、生物性质的反映，是土壤诸多因子共同作用的结果。农业科学家通过大量的田间试验和示踪元素的测定证明，作物产量的构成，有 40%～80% 的养分吸收自土壤。养分吸收自土壤比例的大小和土壤肥力的高低有着密切的关系，土壤肥力越高，作物从土壤中吸收养分的比例就越大。相反，土壤肥力越低，作物从土壤中吸收的养分越少，那么肥料的增产效应相对就增大，但土壤肥力低绝对产量也低。要提高作物产量，首先要提高土壤肥力，而不是依靠增加肥料。因此，土壤肥力是决定作物产量的基础。

（二）有机与无机相结合、大中微量元素相配合

用地和养地相结合是测土配方施肥的主要原则，实施配方施肥必须以有机肥为基础，土壤有机质含量是土壤肥力的重要指标。增施有机肥可以增加土壤有机质含量，改善土壤理化、生物性状，提高土壤保水保肥性能，增强土壤活性，促进化肥利用率的提高，只有各种营养元素的配合才能获得高产稳产。要使作物—土壤—肥料形成物质和能量的良性循环，必须坚持用地养地相结合，投入、产出相对平衡，保证土壤肥力的逐步提高，达到农业的可持续发展。

（三）测土配方施肥的理论依据

测土配方施肥是以养分归还学说、最小养分律、同等重要律、不可替代律、肥料效应报酬递减律和因子综合作用律等为理论依据，以确定不同养分的施肥总量和肥料配比为主要内容。同时注意良种、田间管护等影响肥效的诸多因素，形成了测土配方施肥的综合资源管理体系。

1. 养分归还学说　作物产量的形成有 40%～80% 的养分来自土壤。但不能把土壤看做一个取之不尽、用之不竭的"养分库"。为保证土壤有足够的养分供应容量和强度，保证土壤养分的输出与输入之间的平衡，必须通过施肥这一措施来实现。依靠施肥，可以把作物吸收的养分"归还"土壤，确保土壤肥力。

2. 最小养分律　作物生长发育需要吸收各种养分，但严重影响作物生长、限制作物产量的是土壤中那种相对含量最小的养分因素，也就是最缺的那种养分。如果忽视这个最小养分，即使继续增加其他养分，作物产量也难以提高。只有增加最小养分的量，产量才能相应提高。经济合理的施肥是将作物所缺的各种养分同时按作物所需比例相应提高，作物才会优质优高产。

3. 同等重要律　对作物来讲，不论大量元素或微量元素都是同样重要缺一不可的，即使缺少的是某一种微量元素，尽管它的需要量很少，仍会影响作物的生理功能而导致减产。微量元素和大量元素同等重要，不能因为需要量少而忽略。

4. 不可替代律　各种营养元素在作物体内都有一定功效，相互之间不能替代，缺少什么营养元素，就必须施用含有该元素的肥料进行补充，不能相互替代。

5. 报酬递减律　随着投入的单位劳动和资本量的增加，报酬的增加却在减少，当施肥量超过适量时，作物产量与施肥量之间单位施肥量的增产会呈递减趋势。

6. 因子综合作用律　作物产量的高低是由影响作物生长发育诸因素综合作用的结果，但其中必有一个起主导作用的限制因子，产量在一定程度上受该限制因素的制约。为了充分发挥肥料的增产作用和提高肥料的经济效益，一方面，施肥措施必须与其他农业技术措施相结合，发挥生产体系的综合功能；另一方面，各种养分之间的配合施用，也是提高肥效不可忽视的问题。

四、测土配方施肥确定施肥量的基本方法

（一）土壤与植物测试推荐施肥方法

该技术综合了目标产量法、养分丰缺指标法和作物营养诊断法的优点。对于大田作物，在综合考虑有机肥、作物秸秆利用和管理措施的基础上，根据氮、磷、钾和中、微量元素养分的不同特征，采取不同的养分优化调控与管理策略。其中，氮肥推荐根据土壤供氮状况和作物需氮量，进行实时动态监测和精确调控，包括基肥和追肥的调控；磷、钾肥通过土壤测试和养分平衡进行监控；中、微量元素采用因缺补缺的矫正施肥策略。因此该技术包括氮素实时监控、磷钾养分恒量监控和中、微量元素养分矫正施肥技术。

1. 氮素实时监控施肥技术　根据不同土壤、不同作物、不同目标产量确定作物需氮量，以需氮量的30%～60%作为基肥用量。具体基施比例根据土壤全氮含量，同时参照当地丰缺指标来确定。一般在全氮含量偏低时，采用需氮量的50%～60%作为基肥；在全氮含量居中时，采用需氮量的40%～50%作为基肥；在全氮含量偏高时，采用需氮量的30%～40%作为基肥。30%～60%基肥比例可根据上述方法确定，并通过"3414"田间试验进行校验，建立当地不同作物的施肥指标体系，有条件的地区可在播种前对0～20厘米土壤无机氮进行检测，调节基肥用量。

$$基肥用量（千克/亩）=\frac{（目标产量需氮量-土壤无机氮）×（30\%～60\%）}{肥料中养分含量×肥料当季利用率}$$

其中：土壤无机氮（千克/亩）＝土壤无机氮测试值（毫克/千克）×0.15×校正系数

氮肥追肥用量推荐以作物关键生育期的营养状况诊断或土壤硝态氮的测试为依据，这是实现氮肥准确推荐的关键环节，也是控制过量施氮或施氮不足、提高氮肥利用率和减少损失的重要措施。测试项目主要是土壤全氮含量、土壤硝态氮含量或玉米最新展开叶叶脉中部硝酸盐浓度。

2. 磷钾养分恒量监控施肥技术　根据土壤有（速）效磷、钾含量水平，以土壤有（速）效磷、钾养分不成为实现目标产量的限制因子为前提，通过土壤测试和养分平衡监控，使土壤有（速）效磷、钾含量保持在一定范围内。对于磷肥，基本思想是根据土壤有效磷测试结果和养分丰缺指标进行分级，当有效磷水平处在中等偏上时，可以将目标产量需要量（只包括带出田块的收获物）的100%～110%作为当季磷肥用量；随着有效磷含量的增加，需要减少磷肥用量，直至不施；随着有效磷的降低，需要适当增加磷肥用量，

在极缺磷的土壤上，可以施到需要量的 150%～200%，在 2～3 年后再次测土时，根据土壤有效磷和产量的变化再对磷肥用量进行调整。钾肥首先需要确定施用钾肥是否有效，再参照上面方法确定钾肥用量，但需要考虑有机肥和秸秆还田带入的钾量。一般大田作物磷、钾肥料全部作为基肥施用。

3. 中微量元素养分矫正施肥技术　中、微量元素养分的含量变幅大，作物对其需要量也各不相同。主要与土壤特性（尤其是母质）、作物种类和产量水平等有关。矫正施肥就是通过土壤测试，评价土壤中、微量元素养分的丰缺状况，进行有针对性的因缺补缺的施肥策略。

（二）肥料效应函数法

根据"3414"方案田间试验结果建立当地主要作物的肥料效应函数，直接获得某一区域、某种作物的氮、磷、钾肥料的最佳施用量，为肥料配方和施肥推荐提供依据。

（三）土壤养分丰缺指标法

通过土壤养分测试结果和田间肥效试验结果，建立不同作物、不同区域的土壤养分丰缺指标，提供肥料配方。

土壤养分丰缺指标田间试验也可采用"3414"部分实施方案。"3414"方案中的处理 1 为空白对照（CK），处理 6 为全肥区（NPK），处理 2、4、8 为缺素区（即 PK、NK 和 NP）。收获后计算产量，用缺素区产量占全肥区产量百分数即相对产量的高低来表达土壤养分的丰缺情况。相对产量低于 50% 的土壤养分为极低；相对产量 50%～60%（不含）为低，60%～70%（不含）为较低，70%～80%（不含）为中，80%～90%（不含）为较高，90%（含）以上为高（也可根据当地实际确定分级指标），从而确定适用于某一区域、某种作物的土壤养分丰缺指标及对应的肥料施用数量。对该区域其他田块，通过土壤养分测试，就可以了解土壤养分的丰缺状况，提出相应的推荐施肥量。

（四）养分平衡法

1. 基本原理与计算方法　根据作物目标产量需肥量与土壤供肥量之差估算施肥量，计算公式为：

$$\frac{施肥量}{（千克/亩）}=\frac{目标产量所需养分总量－土壤供肥量}{肥料中养分含量×肥料当季利用率}$$

养分平衡法涉及目标产量、作物需肥量、土壤供肥量、肥料利用率和肥料中有效养分含量五大参数。土壤供肥量即为"3414"方案中处理 1 的作物养分吸收量。目标产量确定后因土壤供肥量的确定方法不同，形成了地力差减法和土壤有效养分校正系数法两种。

地力差减法是根据作物目标产量与基础产量之差来计算施肥量的一种方法。其计算公式为：

$$\frac{施肥量}{（千克/亩）}=\frac{（目标产量－基础产量）×单位经济产量所需养分量}{肥料中养分含量×肥料当季利用率}$$

基础产量即为"3414"方案中处理 1 的产量。

土壤有效养分校正系数法是通过测定土壤有效养分含量来计算施肥量。其计算公式为：

$$施肥量（千克/亩）=\frac{作物单位产量养分吸收量×目标产量-土壤测试值×0.15×土壤有效养分校正系数}{肥料中养分含量×肥料当季利用率}$$

2. 有关参数的确定

——目标产量

目标产量可采用平均单产法来确定。平均单产法是利用施肥区前 3 年平均单产和年递增率为基础确定目标产量，其计算公式是：

$$目标产量（千克/亩）=（1+递增率）×前 3 年平均单产（千克/亩）$$

一般粮食作物的递增率为 10%～15%，露地蔬菜为 20%，设施蔬菜为 30%。

——作物需肥量

通过对正常成熟的农作物全株养分的分析，测定各种作物 100 千克经济产量所需养分量，乘以目标产量即可获得作物需肥量。

$$作物目标产量所需养分量（千克/亩）=\frac{目标产量（千克）×100 千克产量所需养分量}{100}$$

——土壤供肥量

土壤供肥量可以通过测定基础产量、土壤有效养分校正系数两种方法估算：

通过基础产量估算（处理 1 产量）：不施肥区作物所吸收的养分量作为土壤供肥量。

$$\frac{土壤供肥量}{（千克/亩）}=\frac{不施肥区农作物产量（千克）×100 千克产量所需养分量（千克）}{100}$$

通过土壤有效养分校正系数估算：将土壤有效养分测定值乘一个校正系数，以表达土壤"真实"供肥量。该系数称为土壤养分校正系数。

$$\frac{土壤有效养分校}{正系数（%）}=\frac{缺素区作物地上部分吸收该元素量（千克/亩）}{该元素土壤测定值（毫克/千克）×0.15}$$

——肥料利用率

一般通过差减法来计算：利用施肥区作物吸收的养分量减去不施肥区农作物吸收的养分量，其差值视为肥料供应的养分量，再除以所用肥料养分量就是肥料利用率。

$$\frac{肥料利用率}{（%）}=\frac{施肥区农作物吸收养分量-缺素区农作物吸收养分量}{肥料利用率×肥料中养分含量}×100$$

上述公式以计算氮肥利用率为例来进一步说明。

施肥区（$N_2P_2K_2$ 区）农作物吸收养分量（千克/亩）："3414"方案处理 6 的作物总吸氮量；

缺氮区（$N_0P_2K_2$ 区）农作物吸收养分量（千克/亩）："3414"方案处理 2 的作物总吸氮量；

肥料施用量（千克/亩）：施用的氮肥肥料用量；

肥料中养分含量（%）：施用的氮肥肥料所标明含氮量。

如果同时使用了不同品种的氮肥，应计算所用的不同氮肥品种的总氮量。

——肥料养分含量

供施肥料包括无机肥料与有机肥料。无机肥料、商品有机肥料含量按其标明量，不明养分含量的有机肥料养分含量可参照当地不同类型有机肥养分平均含量获得。

第二节　测土配方施肥项目技术内容和实施情况

一、野外调查与资料收集

为了给测土配方施肥项目提供准确、可靠的第一手数据，达到理论和实践的有机统一，按照农业部测土配方施肥规范要求，对 3 个乡、4 个镇的 90 个行政村的 39.56 万亩耕地的立地条件、土壤条件、耕地水肥条件、农作物单位面积产量水平等构成农业生产的基本要素进行了三项野外实地调查。一是采样地块调查；二是测土配方施肥准确度调查；三是农户施肥情况调查。三年共填写采样地块基本情况调查表 3 800 份、农户施肥情况调查表 2 500 份，进行测土配方施肥执行情况和执行效果调查 300 户。初步掌握了全县耕地地力条件、土壤理化性状与施肥管理水平。同时收集整理了 1982 年第二次土壤普查、土壤耕地养分调查、历年肥料动态监测、肥料试验及其相关的图件和土地利用现状图、土壤图等资料。

1. 土壤样品采集　土壤样品采集应具有代表性和可比性，并根据不同分析项目采取相应的采样和处理方法。

（1）采样规划：采样点的确定应在全县范围内统筹规划。在采样前，综合土壤图、土地利用现状图和行政区划图，并参考第二次土壤普查采样点位图确定采样点位，形成采样点位图。实际采样时严禁随意变更采样点，若有变更须注明理由。其中，用于耕地地力评价的土壤样品采样点在全县范围内布设，采样数量应为总采样数量的 10%～15%，但不得少于 400 个，并在第一年全部完成耕地地力评价的土壤采样工作。

（2）采样单元：根据土壤类型、土地利用、耕作制度、产量水平等因素，将采样区域划分为若干个采样单元，每个采样单元的土壤性状要尽可能均匀一致。

平均每个采样单元为 80～120 亩（平原区、大田作物每 100～500 亩采一个样，丘陵区、大田园艺作物每 30～80 亩采一个样，温室大棚作物每 30～40 个棚室或 20～40 亩采一个样）。为便于田间示范跟踪和施肥分区，采样集中在位于每个采样单元相对中心位置的典型地块（同一农户的地块），采样地块面积为 1～10 亩。有条件的地区，可以农户地块为土壤采样单元。采用 GPS 定位仪定位，记录经纬度，精确到 0.1″。

（3）采样时间：在作物收获后或播种施肥前采集，一般在秋后。设施蔬菜在凉棚期采集。果园在果品采摘后的第一次施肥前采集，幼树及未挂果果园，应在清园扩穴施肥前采集。进行氮肥追肥推荐时，应在追肥前或作物生长的关键时期采集。

（4）采样周期：同一采样单元，无机氮及植株氮营养快速诊断每季或每年采集 1 次；土壤有效磷、速效钾等一般 2～3 年采集 1 次；中、微量元素一般 3～5 年采集 1 次。

（5）采样深度：大田采样深度为 0～20 厘米，果园采样深度一般为 0～20 厘米、20～40 厘米两层分别采集。用于土壤无机氮含量测定的采样深度应根据不同作物、不同生育期的主要根系分布深度来确定。

（6）采样点数量：要保证足够的采样点，使之能代表采样单元的土壤特性。采样必须多点混合，每个样品取 15～20 个样点。

（7）采样路线：采样时应沿着一定的线路，按照"随机"、"等量"和"多点混合"的原则进行采样。一般采用"S"形布点采样。在地形变化小、地力较均匀、采样单元面积较小的情况下，也可采用"梅花"形布点取样。要避开路边、田埂、沟边、肥堆等特殊部位。蔬菜地混合样点的样品采集要根据沟、垄面积的比例确定沟、垄采样点数量。果园采样要以树干为圆点向外延伸到树冠边缘的 2/3 处采集，每株对角采 2 点。

（8）采样方法：每个采样点的取土深度及采样量应均匀一致，土样上层与下层的比例要相同。取样器应垂直于地面入土，深度相同。用取土铲取样应先铲出一个耕层断面，再平行于断面取土。所有样品都应采用不锈钢取土器采样。

（9）样品量：混合土样以取土 1 千克左右为宜（用于推荐施肥的为 0.5 千克，用于田间试验和耕地地力评价的 2 千克以上，长期保存备用），可用四分法将多余的土壤弃去。方法是将采集的土壤样品放在盘子里或塑料布上，弄碎、混匀，铺成正方形，画对角线将土样分成 4 份，把对角的两份分别合并成一份，保留一份，弃去一份。如果所得的样品依然很多，可再用四分法处理，直至所需数量为止。

（10）样品标记：采集的样品放入统一的样品袋，用铅笔写好标签，内外各一张。

2. 土壤样品制备

（1）新鲜样品：某些土壤成分如二价铁、硝态氮、铵态氮等在风干过程中会发生显著变化，必须用新鲜样品进行分析。为了能真实反映土壤在田间自然状态下的某些理化性状，新鲜样品要及时送回室内进行处理分析，用粗玻璃棒或塑料棒将样品混匀后迅速称样测定。

新鲜样品一般不宜储存，如需要暂时储存，可将新鲜样品装入塑料袋，扎紧袋口，放在冰箱冷藏室或进行速冻保存。

（2）风干样品：从野外采回的土壤样品要及时放在样品盘上，摊成薄薄一层，置于干净整洁的室内通风处自然风干，严禁暴晒，并注意防止酸、碱等气体及灰尘的污染。风干过程中要经常翻动土样并将大土块捏碎以加速干燥，同时剔除侵入体。

风干后的土样按照不同的分析要求研磨过筛、充分混匀后，装入样品瓶中备用。瓶内外各放标签一张，写明编号、采样地点、土壤名称、采样深度、样品粒径、采样日期、采样人及制样时间、制样人等项目。制备好的样品要妥善贮存，避免日晒、高温、潮湿和酸碱等气体的污染。全部分析工作结束，分析数据核实无误后，试样一般还要保存 3~12 个月，以备查询。"3414"试验等有价值、需要长期保存的样品，须保存于广口瓶中，用蜡封好瓶口。

①一般化学分析试样。将风干后的样品平铺在制样板上，用木棍或塑料棍碾压，并将植物残体、石块等侵入体和新生体剔除干净。细小已断的植物须根，可采用静电吸附的方法清除。压碎的土样用 2 毫米孔径筛过筛，未通过的土粒重新碾压，直至全部样品通过 2 毫米孔径筛为止。通过 2 毫米孔径筛的土样可供 pH、盐分、交换性能及有效养分等项目的测定。

将通过 2 毫米孔径筛的土样用四分法取出一部分继续碾磨，使之全部通过 0.25 毫米孔径筛，供有机质、全氮、碳酸钙等项目的测定。

②微量元素分析试样。用于微量元素分析的土样，其处理方法同一般化学分析样品，

但在采样、风干、研磨、过筛、运输、贮存等环节，不要接触容易造成样品污染的铁、铜等金属器具。采样、制样推荐使用不锈钢、木、竹或塑料工具，过筛使用尼龙网筛等。通过2毫米孔径尼龙筛的样品可用于测定土壤有效态微量元素。

③颗粒分析试样。将风干土样反复碾碎，用2毫米孔径筛过筛。留在筛上的碎石称量后保存，同时将过筛的土壤称重，计算石砾质量百分数。将通过2毫米孔径筛的土样混匀后盛于广口瓶内，用于颗粒分析及其他物理性状测定。

若风干土样中有铁锰结核、石灰结核或半风化体，不能用木棍碾碎，应首先将其细心拣出称量保存，然后再进行碾碎。

二、采样分析化验

根据《规程》土壤样品检测项目为：pH、有机质、全氮、碱解氮、有效磷、缓效钾、速效钾、有效硫、有效铜、有效锌、有效铁、有效锰、水溶性硼13个项目。

测试方法简述：

（1）pH：土液比1∶2.5，电位法。

（2）有机质：采用油浴加热重铬酸钾氧化容量法。

（3）全氮：采用凯氏蒸馏法。

（4）碱解氮：采用碱解扩散法。

（5）有效磷：采用碳酸氢钠浸提——钼锑抗比色法。

（6）缓效钾：硝酸提取——火焰光度计、原子吸收分光光度计法或ICP法测定。

（7）速效钾：乙酸铵浸提——火焰光度计、原子吸收分光光度计法。

（8）有效硫：采用氯化钙浸提——硫酸钡比浊法。

（9）有效铜、锌、铁、锰：采用DTPA提取——原子吸收分光光度计法。

（10）水溶性硼：采用沸水浸提——姜黄素比色法。

三、数据库建设与图件制作

根据测土配方施肥项目数据库建设要求，交口县按照农业部测土配方施肥数据字典格式，对项目实施三年来收集的各种信息数据进行了录入并分类汇总。建立了完整的测土配方施肥属性数据库，涉及田间试验、田间示范、采样地块基本情况、农户施肥情况、土样测试结果、植株测试结果、配方建议卡、配方施肥准确度评价、项目工作情况汇总九大类信息，200余万数据量。同时，交口县以第二次土壤普查、历年土壤肥料田间试验等数据资料为基础，收集整理了本次野外调查、田间试验和土壤分析化验数据。委托太原市富农科技有限公司，完成了测土配方施肥专家咨询系统。委托山西农业大学资源环境学院建立测土配方施肥空间数据库，绘制了土壤图、土壤利用现状图、土壤各种养分含量分布图、采样点位图、测土配方施肥分区图。建立了耕地地力评价与利用数据库，制作了交口县中低产田分布图、耕地地力等级图等图件。这一数据库的建立方便了项目总结、数据分析、信息查找，以及耕地地力评价成果应用等。

四、化验室建设

在交口县原有化验室的基础上，为了合理有效的开展化验工作，对化验室原有仪器设备进行了整理、分类、检修、调试，需要新采购的仪器通过政府采购中心进行了公开招标采购，新采购仪器有：原子吸收分光光度计、火焰光度计、消煮炉、超纯水器、恒温干燥箱、真空烘箱、恒温振荡仪、紫外分光光度计、计算机、酸度计等先进仪器。使化验室具备了对土壤、植物等进行常规分析化验的能力。同时，对化验室进行了重新布置，对电力、给排水管道等进行重新安装，缺乏的试剂、仪器给予补充，并安装了两台换气扇和一部通风设备，制订了各项安全管理制度和操作规程，保证了人员的安全及操作技术规范。

五、耕地地力评价

交口县充分利用野外调查和分析化验等数据，结合第二次土壤普查、土地利用现状调查等成果资料，按照《规范》要求，完成了全县耕地地力评价工作。将39.56万亩耕地划分为5个等级；按照《全国中低产田类型划分与改良技术规范》，将27.50万亩中低产田划分为两种类型，并提出改良措施。建立了耕地地力评价与利用数据库，建立了耕地资源信息管理系统，制作了交口县中低产田分布图、耕地地力等级图等图件，编写了耕地地力评价与利用技术报告和专题报告。

六、技术研发与专家系统开发

专家系统开发有利于测土配方施肥技术研究，有利于测土配方施肥技术的宣传培训，有利于测土配方施肥成果的推广应用。通过大量的前期工作，土壤基本数据、土壤养分数据、化验数据、农田施肥技术数据参数、农户基本信息等调查，委托太原市富农科技有限公司开发了测土配方施肥专家咨询系统，在交口县农业技术推广中心土壤肥料工作站开始试验，并进行测土配方施肥研究和探讨与推广，已经取得了一定的进展。通过土壤测试结果进行肥力分区开展测土配方施肥技术指导和量化施肥，在一定程度上开展养分平衡法计算施肥，因为这种方法在很大程度上依赖五大参数的准确度，由于参数较难准确确定，目前技术应用还有一定局限，有待进一步提高技术应用水平。为了方便群众咨询、更好地推进配方施肥综合成果的应用，组建了交口县测土配方施肥技术指导专家组，以"交口县农业信息网"作为信息平台，进行网络咨询服务。

第三节 田间肥效试验及施肥指标体系建立

根据农业部及山西省农业厅测土配方施肥项目实施方案的安排和山西省土壤肥料工作站制订的《山西省主要作物"3414"肥料效应田间试验方案》、《山西省主要作物测土配方施肥示范方案》所规定标准，为摸清交口县土壤养分校正系数、土壤供肥能力、不同作物养分吸收量和肥料利用率等基本参数。掌握农作物在不同施肥单元的优化施肥量、施肥时期和施肥方法。构建农作物科学施肥模型，为完善测土配方施肥技术指标体系提供科学依据。从 2009 年秋起，在大面积实施测土配方施肥的同时，安排实施了各类试验示范 90 点次，取得了大量的科学试验数据，为下一步的测土配方施肥工作奠定了良好的基础。

一、配方施肥田间试验目的

田间试验是获得各种作物最佳施肥品种、施肥比例、施肥时期、施肥方法的唯一途径，也是筛选、验证土壤养分测试方法、建立施肥指标体系的基本环节。通过田间试验，掌握各个施肥单元不同作物优化施肥数量，基、追肥分配比例，施肥时期和施肥方法。摸清土壤养分校正系数、土壤供肥能力、不同作物养分吸收量和肥料利用率等基本参数。构建作物施肥模型，为施肥分区和肥料配方设计提供依据。

二、田间试验方案的设计

（一）田间试验方案设计

按照农业部《规范》的要求，以及山西省农业厅土壤肥料工作站《测土配方施肥实施方案》的规定，根据交口县主栽作物为玉米的实际情况，采用"3414"方案设计（设计方案见表 7-1）。"3414"的含义是指氮、磷、钾 3 个因素，4 个水平，14 个处理。4 个水平的含义：0 水平指不施肥；2 水平指当地推荐施肥量；1 水平＝2 水平×0.5；3 水平＝2 水平×1.5（该水平为过量施肥水平）。

（二）试验材料

供试肥料分别为含 N 量为 46% 的尿素，含 P_2O_5 为 12% 的普通过磷酸钙，含 K_2O 为 50% 的硫酸钾。

三、田间试验设计方案实施

（一）地点与布局

在交口县多年耕地土壤肥力动态监测和耕地分等定级的基础上，将全县耕地进行高、中、低肥力区划，确定不同肥力的测土配方施肥试验所在地点，同时在对承担试验的农户科技水平与责任性、地块大小、地块代表性等条件综合考察的基础上，确定试验地块。试验田的田间规划、施肥、播种、浇水以及生育期观察、田间调查、室内考种、收获计产等工作都由专业技术人员严格按照田间试验技术规程进行操作。

交口县的测土配方施肥"3414"类试验主要在玉米进行，完全试验不设重复，不完全试验设 3 次重复。2009—2011 年，进行"3414"类试验 30 点次，校正试验 50 点次。

交口县"3414"完全试验设计方案处理见表 7-1。

表 7-1　交口县"3414"完全试验设计方案处理

试验编号	处理编码	施肥水平		
		N	P	K
1	$N_0P_0K_0$	—	—	—
2	$N_0P_2K_2$	—	2	2
3	$N_1P_2K_2$	1	2	2
4	$N_2P_0K_2$	2	—	2
5	$N_2P_1K_2$	2	1	2
6	$N_2P_2K_2$	2	2	2
7	$N_2P_3K_2$	2	3	2
8	$N_2P_2K_0$	2	2	—
9	$N_2P_2K_1$	2	2	1
10	$N_2P_2K_3$	2	2	3
11	$N_3P_2K_2$	3	2	2
12	$N_1P_1K_2$	1	1	2
13	$N_1P_2K_1$	1	2	1
14	$N_2P_1K_1$	2	1	1

（二）试验地块选择

试验地选择平坦、整齐、肥力均匀，具有代表性的不同肥力水平的地块；坡地选择坡度平缓、肥力差异较小的田块；试验地避开了道路、堆肥场所等特殊地块。

（三）试验作物品种选择

田间试验选择当地主栽作物品种。

（四）试验准备

整地、设置保护行、试验地区划；小区应单灌单排，避免串灌串排；试验前采集基础土壤样品。

（五）测土配方施肥田间试验的记录

田间试验记录的具体内容和要求：

1. 试验地基本情况　地点：省、市、县、村、邮编、地块名、农户姓名。定位：经度、纬度、海拔。土壤类型：土类、亚类、土属、土种。土壤属性：土体构型、耕层厚度、地形部位及农田建设、侵蚀程度、障碍因素、地下水位等。

2. 试验地土壤、植株养分测试　有机质、全氮、碱解氮、有效磷、速效钾、pH 等土壤理化性状，必要时进行植株营养诊断和中微量元素测定等。

3. 气象因素　多年平均及当年、月气温、降水、日照和湿度等气候数据。

4. 前茬情况　作物名称、品种、品种特征、亩产量，以及 N、P、K 肥和有机肥的用量、价格等。

5. 生产管理信息　灌水、中耕、病虫防治、追肥等。

6. 基本情况记录　品种、品种特性、耕作方式及时间、耕作机具、施肥方式及时间、播种方式及工具等。

7. 生育期记录 播种期、播种量、平均行距、平均株距、出苗期、拔节期、大喇叭口期、抽雄期、吐丝期、灌浆期、成熟期等。

8. 生育指标调查记录 亩株数、株高、单株次生根、穗位高及节位、亩收获穗数、穗长、穗行数、穗粒数、百粒重、小区产量等。

（六）试验操作及质量控制情况

试验田地块的选择严格按方案技术要求进行，同时要求承担试验的农户要有一定的科技素质和较强的责任心，以保证试验田各项技术措施准确到位。

田间调查项目如基本苗、亩株数、亩穗数、小区产量等。玉米室内考种每小区取 1 平方米进行考种。

（七）数据分析

田间调查和室内考种所得数据，全部按照肥料效应鉴定田间试验技术规程操作，利用 Excel 程序和"3414"田间试验设计与数据分析管理系统进行分析。

四、田间试验实施情况

（一）试验情况

1. "3414"完全试验 共安排 30 点次。分布在 6 个乡（镇）的 10 个村。

2. 校正试验 共安排玉米 50 点次，分布在 6 个乡（镇）的 25 个村。

（二）试验示范效果

1. "3414"完全试验 玉米"3414"试验。共有 30 点次，获得三元二次回归方程 30 个，相关系数全部达到极显著水平。详见附表。

2. 校正试验（示范） 完成玉米校正试验 50 点次，测土配方施肥推广面积达 50 万亩，配方肥施用面积达 15.9 万亩。项目实施区玉米配方施肥区比农民习惯种植区平均亩增产粮食 68 千克，总增产粮食 14 411 吨，总节本增效达 2 678 万元。

第四节 主要农作物不同区域测土配方施肥方案

一、交口县玉米配方施肥方案

立足交口县实际情况，根据历年来的玉米产量水平，土壤养分检测结果，田间肥料效应试验结果，同时结合交口县农田基础和多年来的施肥经验等，制订了玉米配方施肥方案，提出了玉米的主体施肥配方方案，并和配方肥生产企业联合，大力推广应用配方肥，取得了良好的实施效果。

1. 制订施肥配方的原则

春玉米生产中存在的主要施肥问题有：

（1）氮肥一次性施肥面积较大，在一些地区易造成前期烧种、烧苗和后期脱肥。

（2）有机肥施用量较少。

（3）种植密度较低，保苗株数不够，影响肥料效果。

（4）土壤耕层过浅，影响根系发育，易旱、易倒伏。

根据上述问题，提出以下施肥原则：

（1）氮肥分次施用，适当降低基肥用量、充分利用磷钾肥后效。

（2）土壤 pH 高、高产地块和缺锌的土壤注意施用锌肥。

（3）增加有机肥用量，加大秸秆还田力度。

（4）推广应用高产耐密品种，适当增加玉米种植密度，提高玉米产量，充分发挥肥料效果。

（5）深松打破犁底层，促进根系发育，提高水肥利用效率。

2. 玉米配方施肥总体方案

（1）产量水平为 400 千克/亩以下：玉米产量在 400 千克/亩以下的地块，氮肥（N）用量推荐为 5～7 千克/亩，磷肥（P_2O_5）用量为 2～5 千克/亩，钾肥（K_2O）用量为1～3千克/亩。

（2）产量水平为 400～500 千克/亩：玉米产量在 400～500 千克/亩的地块，氮肥（N）用量推荐为 8～10 千克/亩，磷肥（P_2O_5）用量为 4～6 千克/亩，钾肥（K_2O）用量为 2～4 千克/亩。

（3）产量水平为 500～650 千克/亩：玉米产量在 500～650 千克/亩的地块：氮肥（N）用量推荐为 9～12 千克/亩，磷肥（P_2O_5）用量为 5～8 千克/亩，钾肥（K_2O）用量为 3～5 千克/亩。

（4）产量水平为 650 千克/亩以上：玉米产量在 650 千克/亩以上的地块，氮肥（N）用量推荐为 11～14 千克/亩，磷肥（P_2O_5）用量为 9～12 千克/亩，钾肥（K_2O）用量为 5～8 千克/亩。

3. 施肥方法　作物秸秆还田地块要增加氮肥用量 10％～15％，以协调碳氮比，促进秸秆腐解。要大力推广玉米施锌技术，每千克种子拌硫酸锌 4～6 克，或亩底施硫酸锌 1.5～2 千克。同时，要采用科学的施肥方法。一是大力提倡化肥深施，坚决杜绝肥料撒施，基、追肥施肥深度要分别达到 15～20 厘米、5～10 厘米。二是施足底肥、合理追肥，一般有机肥、磷、钾及中微量元素肥料均作底肥，氮肥则分期施用。春玉米田氮肥60％～70％底施、30％～40％追施。

二、交口县马铃薯配方施肥方案

立足交口县实际情况，根据历年来的马铃薯产量水平、土壤养分检测结果、田间肥料效应试验结果，同时结合交口县农田基础和多年来的施肥经验等，制订了马铃薯配方施肥方案，提出了马铃薯的主体施肥配方方案，并和配方肥生产企业联合，大力推广应用配方肥，取得了良好的实施效果。

1. 制订施肥配方的原则　针对马铃薯生产中普遍存在的重施氮磷肥、轻施钾肥，重施化肥、轻施或不施有机肥的现状，提出以下施肥原则：

（1）增施有机肥。

（2）重施基肥、轻用种肥；基肥为主、追肥为辅。

（3）合理施用氮磷肥，适当增施钾肥。

（4）肥料施用应与高产优质栽培技术相结合。

2. 马铃薯配方施肥总体方案

（1）马铃薯产量在 1 000 千克/亩以下的地块：氮肥（N）用量推荐为 3～5 千克/亩，磷肥（P_2O_5）为 2～5 千克/亩，钾肥（K_2O）为 1～2 千克/亩。亩施农家肥 1 000 千克以上。

（2）马铃薯产量在 1 000～1 500 千克/亩的地块：氮肥（N）用量推荐为 5～8 千克/亩，磷肥（P_2O_5）为 5～7 千克/亩，钾肥（K_2O）为 1～3 千克/亩。亩施农家肥 1 000 千克以上。

（3）马铃薯产量在 1 500～2 000 千克/亩的地块，氮肥（N）用量推荐为 6～8 千克/亩，磷肥（P_2O_5）为 6～8 千克/亩，钾肥（K_2O）为 2～4 千克/亩。亩施农家肥 1 500 千克以上。

（4）马铃薯产量在 2 000 千克/亩以上的地块：氮肥（N）用量推荐为 7～10 千克/亩，磷肥（P_2O_5）为 6～8 千克/亩，钾肥（K_2O）为 4～5 千克/亩。亩施农家肥 1 500 千克以上。

3. 施肥方法　有机肥、磷肥全部作基肥。氮肥总量的 60％～70％ 作基肥，30％～40％ 作追肥。钾肥总量的 70％～80％ 作基肥，20％～30％ 作追肥。磷肥最好和有机肥混合沤制后施用。基肥可以在秋季或春季结合耕地沟施或撒施后翻入土中。马铃薯追肥一般在开花以前进行，早熟品种在苗期追肥，中晚熟品种在现蕾前追肥。

此外，作物秸秆还田地块要增加氮肥用量 10％～15％，以协调碳氮比，促进秸秆腐解。要大力推广马铃薯施锌技术，每千克种子拌硫酸锌 4～6 克，或亩底施硫酸锌 1.5～2 千克。同时，要采用科学的施肥方法。一是大力提倡化肥深施，坚决杜绝肥料撒施，基、追肥施肥深度要分别达到 15～20 厘米、5～10 厘米。二是施足底肥、合理追肥，一般有机肥、磷、钾及中微量元素肥料均作底肥，氮肥则分期施用。春玉米田氮肥 60％～70％ 底施、30％～40％ 追施。

附表　"3414" 试验肥料效应函数（三元二次）

试验地点	试验作物	方程系数										显著性检验			备注
		b_0	b_1	b_2	b_3	b_4	b_5	b_6	b_7	b_8	b_9	F	$F_{0.05}$	R Square	
石口乡山神峪村（戴铁锤）09	玉米	310.71	31.52	20.93	-16.49	-0.99	-0.73	-0.99	-2.11	0.64	2.73	2.60	0.19	0.85	
石口乡张家川（王红卫）09	玉米	506.42	19.80	-1.21	-1.12	-0.29	-0.97	-1.52	-0.82	-0.59	3.81	3.61	0.11	0.89	
双池镇上庄（梁启旺）09	玉米	540.86	18.58	-10.18	-7.14	-0.29	0.48	-0.36	-1.77	-0.16	3.39	1.35	0.41	0.75	
回龙乡田家山村（梁启旺）09	玉米	397.12	4.33	19.56	-16.70	-0.35	0.60	-0.91	-1.70	2.10	-0.33	0.88	0.60	0.66	
回龙乡山头（王富双）09	玉米	431.66	1.70	17.21	28.47	-0.87	-1.47	-1.00	1.58	0.80	-2.64	1.01	0.54	0.69	
桃红坡阳洼（梁林元）09	玉米	284.00	4.31	-4.53	60.81	-1.03	0.42	-4.49	2.82	0.71	-2.33	16.35	0.01	0.97	
桃红坡西宋庄（武全生）09	玉米	475.40	9.66	10.86	-2.00	0.04	-0.44	-0.92	-1.03	0.49	1.46	30.83	0.00	0.99	
桃红坡永远庄（檀贵生）09	玉米	376.10	14.11	-23.36	40.62	-0.19	-1.17	-1.19	2.16	-3.81	3.20	1.18	0.47	0.73	
康城镇田家洼（梁秀红）09	玉米	298.30	-27.01	93.46	31.73	-0.90	-0.51	-0.06	1.00	6.22	-12.31	20.24	0.01	0.98	
双池镇蔡家沟（刘土俊）09	玉米	332.73	38.01	25.45	11.09	-1.15	-5.67	-4.16	-0.06	-0.08	5.65	1.05	0.52	0.70	
回龙乡回龙村（梁启旺）10	玉米	362.24	-1.91	93.52	-5.09	-1.70	-2.01	-2.01	-1.20	5.75	-6.12	1.98	0.27	0.82	
回龙乡刘外村（张金旺）10	玉米	421.30	16.41	11.32	1.06	-0.84	0.39	-2.89	-1.33	2.08	0.66	2.82	0.17	0.86	
回龙乡山头村（王富双）10	玉米	410.53	-27.28	62.12	35.63	-0.09	-2.01	-1.46	1.18	2.56	-7.04	3.69	0.11	0.89	
康城镇南故乡村（梁秀峰）10	玉米	434.92	14.23	75.66	-38.27	-0.70	-3.36	-1.74	-2.15	3.19	0.95	1.99	0.26	0.82	
石口乡山神峪村（戴铁锤）10	玉米	380.05	38.33	14.25	-18.33	-0.32	0.62	-0.47	-3.41	-0.22	3.86	8.95	0.02	0.95	
石口乡张家川村（王新明）10	玉米	409.10	0.76	29.45	0.55	0.12	-1.27	-1.55	-1.05	1.06	0.05	1.17	0.47	0.73	
双池镇蔡家沟（蒋双锁）10	玉米	446.75	-43.86	6.39	139.43	-0.20	-6.79	-2.27	9.79	-3.80	-8.24	7.99	0.03	0.95	
桃红坡阳洼（左云花）10	玉米	559.40	-28.81	60.22	-27.28	0.77	-3.29	0.14	-0.69	3.46	-2.15	2.21	0.23	0.83	

（续）

试验地点	试验作物	方程系数										显著性检验			备注
		b_0	b_1	b_2	b_3	b_4	b_5	b_6	b_7	b_8	b_9	F	$F_{0.05}$	R Square	
桃红坡永远庄（永远庄）10	玉米	582.04	37.27	-19.65	2.01	-1.34	-2.58	-1.24	0.57	-1.94	5.63	1.74	0.31	0.80	
温泉乡曹家社村（张冬生）10	玉米	180.32	31.84	-66.61	55.44	-0.08	2.77	1.21	1.72	-5.81	1.42	0.47	0.84	0.51	
石口乡山神峪村（戴铁锤）11	玉米	450.50	-3.64	-7.71	22.38	0.44	-0.17	-1.26	0.45	-0.98	0.69	0.39	0.89	0.47	
石口乡石口村（吴建东）11	玉米	256.08	16.79	10.77	-15.20	-0.52	-0.45	2.36	-0.48	-0.30	0.30	5.61	0.06	0.93	
石口乡张家川村（王新明）11	玉米	400.76	25.78	23.00	0.08	-0.83	-2.64	-4.62	-1.25	1.85	3.72	1.09	0.50	0.71	
双池镇蔡家沟（蔡兰友）11	玉米	508.52	19.34	14.96	4.51	-0.52	-0.96	-3.62	-1.88	0.99	3.09	1.51	0.37	0.77	
回龙乡回龙村（梁启旺）11	玉米	416.00	-27.56	10.09	58.71	-1.11	0.46	-0.67	4.86	1.92	-8.39	1.65	0.33	0.79	
回龙乡刘补村（张金旺）11	玉米	581.41	-3.24	28.40	5.87	0.20	-1.67	-0.14	-0.14	0.48	-0.58	2.12	0.24	0.83	
桃红坡阳冶（左云花）11	玉米	239.21	14.37	-1.52	64.23	-0.31	0.31	-2.71	1.03	-1.47	-1.10	3.11	0.14	0.87	
康城镇南故乡村（梁秀峰）11	玉米	808.73	36.04	-39.24	-52.69	-0.83	5.41	0.76	-3.91	1.00	4.92	2.11	0.25	0.83	
温泉乡响义村（任明治）11	玉米	419.80	8.90	-19.74	2.53	0.25	0.11	-0.61	-0.02	-0.88	2.41	15.69	0.01	0.97	
桃红坡永远庄（廖桂生）11	玉米	335.83	6.91	11.36	51.01	-1.01	2.92	-1.67	1.19	1.09	-5.47	5.15	0.06	0.92	

注：①方程形式为：$y=b_0+b_1x_1+b_2x_2+b_3x_3+b_{11}x_1^2+b_{22}x_2^2+b_{33}x_3^2+b_{12}x_1x_2+b_{13}x_1x_3+b_{23}x_2x_3$，其中$x_1$，$x_2$，$x_3$分别对应 N，P，K。
②表中回归系数为编码值系数。

图书在版编目（CIP）数据

交口县耕地地力评价与利用 / 李铮主编 . —北京：
中国农业出版社，2016.5
ISBN 978-7-109-21681-5

Ⅰ.①交… Ⅱ.①李… Ⅲ.①耕作土壤－土壤肥力－
土壤调查－交口县②耕作土壤－土壤评价－交口县 Ⅳ.
①S159.225.4②S158

中国版本图书馆 CIP 数据核字（2014）第 103556 号

中国农业出版社出版
（北京市朝阳区麦子店街 18 号楼）
（邮政编码 100125）
责任编辑 杨桂华

中国农业出版社印刷厂印刷 新华书店北京发行所发行
2016 年 6 月第 1 版 2016 年 6 月北京第 1 次印刷

开本：787mm×1092mm 1/16 印张：8.25 插页：1
字数：200 千字
定价：80.00 元
（凡本版图书出现印刷、装订错误，请向出版社发行部调换）

交口县中低产田分布图

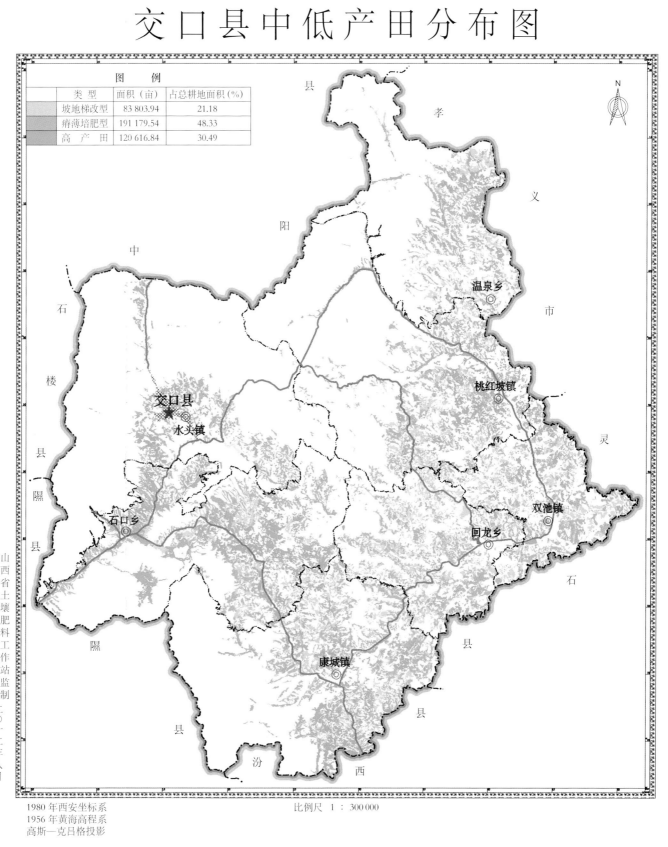

图　例		
类　型	面积（亩）	占总耕地面积（%）
坡地梯改型	83 803.94	21.18
瘠薄培肥型	191 179.54	48.33
高　产　田	129 616.84	30.49

山西省土壤肥料工作站监制
山西农业大学资源环境学院承制
二〇一二年八月

1980 年西安坐标系
1956 年黄海高程系
高斯—克吕格投影

比例尺　1：300 000

交口县耕地地力等级图

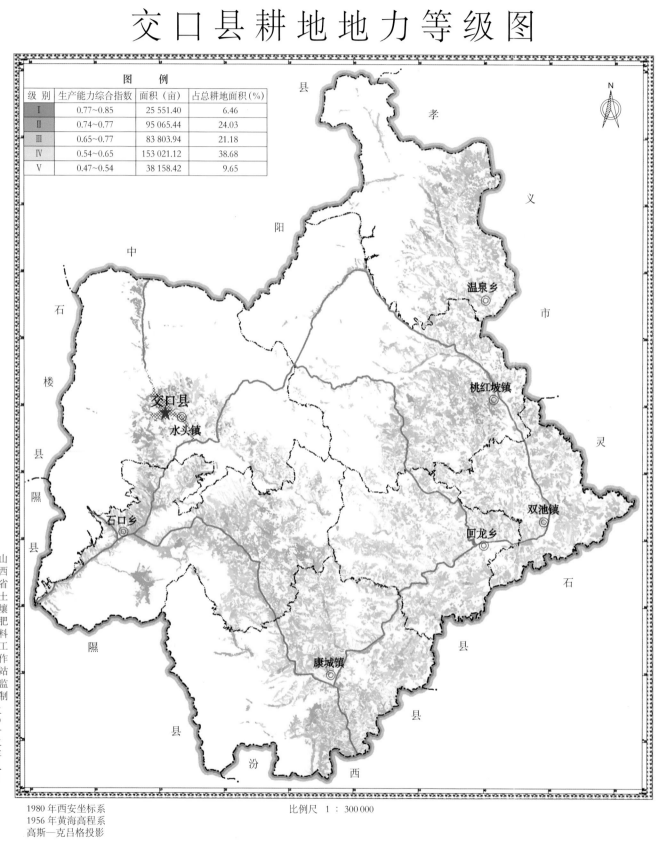

山西省土壤肥料工作站监制
山西农业大学资源环境学院承制
二〇一二年八月

级 别	生产能力综合指数	面积（亩）	占总耕地面积(%)
I	0.77~0.85	25 551.40	6.46
II	0.74~0.77	95 065.44	24.03
III	0.65~0.77	83 803.94	21.18
IV	0.54~0.65	153 021.12	38.68
V	0.47~0.54	38 158.42	9.65

图 例

1980 年西安坐标系
1956 年黄海高程系
高斯—克吕格投影

比例尺 1：300 000